ATLAS OF KEY PROTECTED
TERRESTRIAL WILDLIFE
IN LIAONING PROVINCE

辽宁省重点保护
陆生野生动物图鉴

辽宁省林业和草原局 ◎ 编

中国林业出版社
China Forestry Publishing House

图书在版编目（CIP）数据

辽宁省重点保护陆生野生动物图鉴 / 辽宁省林业和草原局编 . -- 北京 : 中国林业出版社，2024.12.
ISBN 978-7-5219-2789-4

Ⅰ．Q958.523.1-64

中国国家版本馆 CIP 数据核字第 2024MJ5996 号

责任编辑　于界芬　于晓文

出版发行	中国林业出版社
	（100009，北京市西城区刘海胡同 7 号，电话 010-83143549）
电子邮箱	cfphzbs@163.com
网　　址	https://www.cfph.net
印　　刷	北京盛通印刷股份有限公司
版　　次	2024 年 12 月第 1 版
印　　次	2024 年 12 月第 1 次印刷
开　　本	889mm×1194mm　1/16
印　　张	16.25
字　　数	420 千字
定　　价	188.00 元

辽宁省重点保护陆生野生动物图鉴
编委会

主　　任　张晓伟

副 主 任　姜生伟　董铁狮　崔　巍　秦秀忱　张育红

委　　员　赵文双　邓宝余　何东阳　王雪松　王秋平　张浩洋
　　　　　　董泽生

主　　编　张育红

副 主 编　赵文双　王雪松　王秋平　张海龙　孙晓明　董丙君

编　　委　（按姓氏笔画排序）

　　　　　　才大伟　王小平　王韦舒　马岩鹤　田华森　刘金月
　　　　　　孙　勇　孙　嘉　李　鹏　李继爱　佟　帅　张　厦
　　　　　　张秀峰　林　峰　武文昊　单秀琪　胡　丹　项红梅
　　　　　　徐志辉　徐文君　倪星辉　韩学喆

校　　稿　刘金月　孙　嘉

图片提供　孙晓明　张凤江　董丙君　王小平　白清泉　顾晓军
　　　　　　谷国强　邱显淳　李显达　冯立国　汪青雄　张宪邦
　　　　　　杜明凯　王尧天

辽宁省重点保护陆生野生动物图鉴

ATLAS OF KEY PROTECTED
TERRESTRIAL WILDLIFE
IN LIAONING PROVINCE

前　言

　　辽宁省地处我国东北地区南部，属温带大陆性季风气候，地形复杂，植被类型多样，丰富的山地、丘陵、河流、湖泊、沼泽和海洋等自然环境，为野生动物生存繁衍和自然进化提供了得天独厚的自然地理条件，使辽宁省成为生物多样性较为丰富的省份之一。

　　2022年12月，辽宁省林业和草原局编著出版《辽宁省国家重点保护陆生野生动物图鉴》，共收录辽宁省有分布记录的国家重点保护陆生野生动物4纲20目41科141种，展现了辽宁省国家重点保护陆生野生动物的生命之美，助力民众走进自然认识和了解珍贵、濒危野生动物，引发民众爱护之心，培育保护意识。

　　为加强辽宁省国家重点保护野生动物以外的地方重点保护野生动物宣传，展示辽宁野生动物保护成果，促进生态文明建设，推动绿色发展，辽宁省林业和草原局组织编写了《辽宁省重点保护陆生野生动物图鉴》。本书共收录辽宁省重点保护野生动物3纲21目59科239种，其中哺乳动物9种、鸟类226种、爬行动物4种，用图文并茂的方式展现了辽宁省重点保护陆生野生动物东北刺猬、香鼬、石鸡、豆雁、白鹭、宁波滑蜥、黑眉蝮等的形态特征、识别要点、生境、生活习性等基础信息。本书内容丰富，资料翔实，实用性强，可为野生动物保护监管、执法和科研人员提供科学翔实的专业参考，进一步提高野生动物保护管理水平。

　　因编者时间和专业水平有限，书中如有不妥和疏漏之处，敬请批评指正。

本书编委会
2024年12月

辽宁省重点保护陆生野生动物图鉴

ATLAS OF KEY PROTECTED
TERRESTRIAL WILDLIFE
IN LIAONING PROVINCE

目 录

前 言

哺乳纲　MAMMALIA

东北刺猬	*Erinaceus amurensis*	1
达乌尔猬	*Mesechinus dauuricus*	2
猪獾	*Arctonyx collaris*	3
狗獾	*Meles meles*	4
香鼬	*Mustela altaica*	5
艾鼬	*Mustela eversmanni*	6
黄鼬	*Mustela sibirica*	7
伶鼬	*Mustela nivalis*	8
狍	*Capreolus pygargus*	9

鸟纲　AVES

石鸡	*Alectoris chukar*	10
斑翅山鹑	*Perdix dauurica*	11
豆雁	*Anser fabalis*	12
灰雁	*Anser anser*	13
黑雁	*Branta bernicla*	14
翘鼻麻鸭	*Tadorna tadorna*	15
赤膀鸭	*Mareca strepera*	16
罗纹鸭	*Mareca falcata*	17
赤颈鸭	*Mareca penelope*	18
绿头鸭	*Anas platyrhynchos*	19
斑嘴鸭	*Anas zonorhyncha*	20
针尾鸭	*Anas acuta*	21
绿翅鸭	*Anas crecca*	22
琵嘴鸭	*Spatula clypeata*	23
白眉鸭	*Spatula querquedula*	24
红头潜鸭	*Aythya ferina*	25
凤头潜鸭	*Aythya fuligula*	26
斑背潜鸭	*Aythya marila*	27
丑鸭	*Histrionicus histrionicus*	28
斑脸海番鸭	*Melanitta fusca*	29
长尾鸭	*Clangula hyemalis*	30
鹊鸭	*Bucephala clangula*	31
红胸秋沙鸭	*Mergus serrator*	32
小䴘	*Tachybaptus ruficollis*	33
凤头䴘	*Podiceps cristatus*	34
岩鸽	*Columba rupestris*	35
山斑鸠	*Streptopelia orientalis*	36
灰斑鸠	*Streptopelia decaocto*	37

火斑鸠	*Streptopelia tranquebarica*	38	太平洋潜鸟	*Gavia pacifica*	59
毛腿沙鸡	*Syrrhaptes paradoxus*	39	黄嘴潜鸟	*Gavia adamsii*	60
普通夜鹰	*Caprimulgus indicus*	40	黑叉尾海燕	*Hydrobates monorhis*	61
白喉针尾雨燕	*Hirundapus caudacutus*	41	暴风鹱	*Fulmarus glacialis*	62
普通雨燕	*Apus apus*	42	白额鹱	*Calonectris leucomelas*	63
白腰雨燕	*Apus pacificus*	43	红脸鸬鹚	*Phalacrocorax urile*	64
北棕腹鹰鹃	*Hierococcyx hyperythrus*	44	普通鸬鹚	*Phalacrocorax carbo*	65
小杜鹃	*Cuculus poliocephalus*	45	绿背鸬鹚	*Phalacrocorax capillatus*	66
四声杜鹃	*Cuculus micropterus*	46	夜鹭	*Nycticorax nycticorax*	67
东方中杜鹃	*Cuculus optatus*	47	绿鹭	*Butorides striata*	68
大杜鹃	*Cuculus canorus*	48	池鹭	*Ardeola bacchus*	69
普通秧鸡	*Rallus indicus*	49	牛背鹭	*Bubulcus ibis*	70
小田鸡	*Zapornia pusilla*	50	苍鹭	*Ardea cinerea*	71
红胸田鸡	*Zapornia fusca*	51	草鹭	*Ardea purpurea*	72
白胸苦恶鸟	*Amaurornis phoenicurus*	52	大白鹭	*Ardea alba*	73
董鸡	*Gallicrex cinerea*	53	白鹭	*Egretta garzetta*	74
黑水鸡	*Gallinula chloropus*	54	戴胜	*Upupa epops*	75
白骨顶	*Fulica atra*	55	三宝鸟	*Eurystomus orientalis*	76
黄脚三趾鹑	*Turnix tanki*	56	赤翡翠	*Halcyon coromanda*	77
红喉潜鸟	*Gavia stellata*	57	蓝翡翠	*Halcyon pileata*	78
黑喉潜鸟	*Gavia arctica*	58	普通翠鸟	*Alcedo atthis*	79

冠鱼狗	*Megaceryle lugubris*	80
蚁䴕	*Jynx torquilla*	81
棕腹啄木鸟	*Dendrocopos hyperythrus*	82
小星头啄木鸟	*Dendrocpos kizuki*	83
星头啄木鸟	*Dendrocpos canicapillus*	84
小斑啄木鸟	*Dendrocpos minor*	85
白背啄木鸟	*Dendrocopos leucotos*	86
大斑啄木鸟	*Dendrocopos major*	87
灰头绿啄木鸟	*Picus canus*	88
黑枕黄鹂	*Oriolus chinensis*	89
灰山椒鸟	*Pericrocotus divaricatus*	90
黑卷尾	*Dicrurus macrocercus*	91
发冠卷尾	*Dicrurus hottentottus*	92
寿带	*Terpsiphone incei*	93
紫寿带	*Terpsiphone atrocaudata*	94
虎纹伯劳	*Lanius tigrinus*	95
牛头伯劳	*Lanius bucephalus*	96
红尾伯劳	*Lanius cristatus*	97
灰伯劳	*Lanius excubitor*	98
楔尾伯劳	*Lanius sphenocercus*	99
松鸦	*Garrulus glandarius*	100
灰喜鹊	*Cyanopica cyanus*	101
红嘴蓝鹊	*Urocissa erythroryncha*	102
星鸦	*Nucifraga caryocatactes*	103
红嘴山鸦	*Pyrrhocorax pyrrhocorax*	104
达乌里寒鸦	*Corvus dauuricus*	105
白颈鸦	*Corvus pectoralis*	106
渡鸦	*Corvus corax*	107

煤山雀	*Periparus ater*	108
黄腹山雀	*Pardaliparus venustulus*	109
杂色山雀	*Sittiparus varius*	110
沼泽山雀	*Poecile palustris*	111
褐头山雀	*Poecile montanus*	112
大山雀	*Parus cinereus*	113
中华攀雀	*Remiz consobrinus*	114
短趾百灵	*Alaudala cheleensis*	115
凤头百灵	*Galerida cristata*	116
角百灵	*Eremophila alpestris*	117
文须雀	*Panurus biarmicus*	118
东方大苇莺	*Acrocephalus orientalis*	119
黑眉苇莺	*Acrocephalus bistrigiceps*	120
远东苇莺	*Acrocephalus tangorum*	121
厚嘴苇莺	*Arundinax aedon*	122
斑胸短翅蝗莺	*Locustella thoracica*	123
中华短翅蝗莺	*Locustella tacsanowskia*	124
矛斑蝗莺	*Locustella lanceolata*	125
北蝗莺	*Locustella ochotensis*	126
小蝗莺	*Locustella certhiola*	127
苍眉蝗莺	*Locustella fasciolatus*	128
斑背大尾莺	*Locustella pryeri*	129
崖沙燕	*Riparia riparia*	130

岩燕	*Ptyonoprogne rupestris*	131
毛脚燕	*Delichon urbicum*	132
烟腹毛脚燕	*Delichon dasypus*	133
白头鹎	*Pycnonotus sinensis*	134
栗耳短脚鹎	*Hypsipetes amaurotis*	135
褐柳莺	*Phylloscopus fuscatus*	136
棕眉柳莺	*Phylloscopus armandii*	137
巨嘴柳莺	*Phylloscopus schwarzi*	138
黄腰柳莺	*Phylloscopus proregulus*	139
黄眉柳莺	*Phylloscopus inornatus*	140
极北柳莺	*Phylloscopus borealis*	141
双斑绿柳莺	*Phylloscopus plumbeitarsus*	142
淡脚柳莺	*Phylloscopus tenellipes*	143
冕柳莺	*Phylloscopus coronatus*	144
金眶鹟莺	*Seicercus burkii*	145
短翅树莺	*Horornis diphone*	146
鳞头树莺	*Urosphena squameiceps*	147
银喉长尾山雀	*Aegithalos glaucogularis*	148
山鹛	*Rhopophilus pekinensis*	149
棕头鸦雀	*Sinosuthora webbiana*	150
暗绿绣眼鸟	*Zosterops japonicas*	151
山噪鹛	*Garrulax davidi*	152
欧亚旋木雀	*Certhia familiaris*	153
普通鳾	*Sitta europaea*	154
黑头鳾	*Sitta villosa*	155
红翅旋壁雀	*Tichodroma muraria*	156
鹪鹩	*Troglodytes troglodytes*	157
褐河乌	*Cinclus pallasii*	158
八哥	*Acridotheres cristatellus*	159

灰椋鸟	*Spodiopsar cineraceus*	160
北椋鸟	*Agropsar sturninus*	161
紫翅椋鸟	*Sturnus vulgaris*	162
白眉地鸫	*Geokichla sibirica*	163
虎斑地鸫	*Zoothera aurea*	164
灰背鸫	*Turdus hortulorum*	165
白眉鸫	*Turdus obscurus*	166
白腹鸫	*Turdus pallidus*	167
赤颈鸫	*Turdus ruficollis*	168
红尾斑鸫	*Turdus naumanni*	169
斑鸫	*Turdus eunomus*	170
红尾歌鸲	*Larvivora sibilans*	171
蓝歌鸲	*Larvivora cyane*	172
红胁蓝尾鸲	*Tarsiger cyanurus*	173
北红尾鸲	*Phoenicurus auroreus*	174
红尾水鸲	*Rhyacornis fuliginosa*	175
白顶溪鸲	*Chaimarrornis leucocephalus*	176
黑喉石鵖	*Saxicola maurus*	177
沙鵖	*Oenanthe isabellina*	178
白顶鵖	*Oenanthe pleschanka*	179
蓝矶鸫	*Monticola solitarius*	180
白喉矶鸫	*Monticola gularis*	181
灰纹鹟	*Muscicapa griseisticta*	182
乌鹟	*Muscicapa sibirica*	183
北灰鹟	*Muscicapa dauurica*	184
白眉姬鹟	*Ficedula zanthopygia*	185
鸲姬鹟	*Ficedula mugimaki*	186
红喉姬鹟	*Ficedula albicilla*	187

白腹蓝鹟	*Cyanoptila cyanomelana*	188
戴菊	*Regulus regulus*	189
太平鸟	*Bombycilla garrulus*	190
小太平鸟	*Bombycilla japonica*	191
领岩鹨	*Prunella collaris*	192
棕眉山岩鹨	*Prunella montanella*	193
山鹡鸰	*Dendronanthus indicus*	194
黄鹡鸰	*Motacilla tschutschensis*	195
黄头鹡鸰	*Motacilla citreola*	196
灰鹡鸰	*Motacilla cinerea*	197
白鹡鸰	*Motacilla alba*	198
田鹨	*Anthus richardi*	199
布氏鹨	*Anthus godlewskii*	200
草地鹨	*Anthus pratensis*	201
树鹨	*Anthus hodgsoni*	202
北鹨	*Anthus gustavi*	203
红喉鹨	*Anthus cervinus*	204
黄腹鹨	*Anthus rubescens*	205
水鹨	*Anthus spinoletta*	206
苍头燕雀	*Fringilla coelebs*	207
燕雀	*Fringilla montifringilla*	208
锡嘴雀	*Coccothraustes coccothraustes*	209
黑尾蜡嘴雀	*Eophona migratoria*	210
黑头蜡嘴雀	*Eophona personata*	211
松雀	*Pinicola enucleator*	212
红腹灰雀	*Pyrrhula pyrrhula*	213
粉红腹岭雀	*Leucosticte arctoa*	214
普通朱雀	*Carpodacus erythrinus*	215
长尾雀	*Carpodacus sibiricus*	216
金翅雀	*Chloris sinica*	217
白腰朱顶雀	*Acanthis flammea*	218
白翅交嘴雀	*Loxia leucoptera*	219
黄雀	*Spinus spinus*	220
铁爪鹀	*Calcarius lapponicus*	221
白头鹀	*Emberiza leucocephalos*	222

灰眉岩鹀	*Emberiza godlewskii*	223
三道眉草鹀	*Emberiza cioides*	224
白眉鹀	*Emberiza tristrami*	225
栗耳鹀	*Emberiza fucata*	226
小鹀	*Emberiza pusilla*	227
黄眉鹀	*Emberiza chrysophrys*	228
田鹀	*Emberiza rustica*	229
黄喉鹀	*Emberiza elegans*	230
栗鹀	*Emberiza rutila*	231
灰头鹀	*Emberiza spodocephala*	232
苇鹀	*Emberiza pallasi*	233
红颈苇鹀	*Emberiza yessoensis*	234
芦鹀	*Emberiza schoeniclus*	235

爬行纲 REPTILIA

宁波滑蜥	*Scincella modesta*	236
棕黑锦蛇	*Elaphe schrenckii*	237
乌苏里蝮	*Gloydius ussuriensis*	238
黑眉蝮	*Gloydius intermedius*	239

中文名索引		240
学名索引		244

东北刺猬 *Erinaceus amurensis*

英文名 Amur Hedgehog

识别要点 别名普通刺猬。体长 215~275 mm，体重 360~750 g。体背及体侧被以粗而硬的棘刺，头顶棘刺或多或少分为两簇，在头顶中央形成一狭窄的裸露区域。身体余部除吻端和四肢足垫裸露外，均被细而硬的棘，头宽，吻尖，眼小，耳短且不超过周围棘长。爪发达，尾甚短，不及后足长。硬棘有两种类型：一种纯白色；另一种基部和次端部白色或浅棕色，中间部和棘尖棕色或深棕色。

生活习性 昼伏夜出，常出没于农田、果园等处。在灌木丛、石隙等处穴居。冬眠期约为 6 个月。食性较杂，主食昆虫和蠕虫，兼食小型鼠类、幼鸟、蛙、蛇以及蜥蜴等小动物，亦喜食瓜果、蔬菜、豆类等农作物。

分布范围 省内广泛分布。国内主要分布于黑龙江、吉林、辽宁、内蒙古、北京、河北、山西、河南、湖北、安徽、江苏、陕西和甘肃等地。国外主要分布于俄罗斯、朝鲜和韩国。

谷国强/摄

谷国强/摄

谷国强/摄

达乌尔猬 *Mesechinus dauuricus*

英文名 Daurian Hedgehog

识别要点 别名短棘猬。体长175~250 mm，体重400~600 g。体型小于刺猬，耳长，显著超过周围棘刺的长度。尾较短，稍超过后足长的一半。四肢粗短而强健。身体背部浅褐色，棘刺呈黑褐色，棘刺近基部以及刺端有2个白色的节环，部分个体棘刺端部的白色节环可达棘的尖端，背面呈灰白色。头顶部的棘刺不向左右分列，较背部色淡，呈淡黄灰色，眼周围以及鼻端具少量暗灰色毛，耳覆灰白色绒毛。咽喉部、胸部、腹部的毛色为灰白色或橘黄色。

生活习性 典型的半荒漠动物，适应能力强，昼伏夜出、胆小怕光、多疑孤僻，白天躲藏于洞穴内，夜间出来活动觅食。常利用小型鼠类废弃的洞穴，结构简单，洞深一般不超过1m。有冬眠习性。主要以昆虫、蛙、蜥蜴、小鸟以及鼠类等为食。

分布范围 省内主要分布于阜新。国内主要分布于黑龙江、吉林、辽宁、内蒙古、北京、河北等地。国外主要分布于蒙古国、俄罗斯。

猪獾 *Arctonyx collaris*

英文名 Hog Badger

识别要点 别名沙獾。体长 600~700 mm，体重 7~10 kg。体型粗壮，四肢粗短。吻鼻部裸露突出似猪拱嘴，故名猪獾。头大颈粗，耳和眼小，尾短。前后肢 5 指（趾），爪发达。猪獾整个身体呈现黑白两色混杂。头部正中从吻鼻部裸露区向后至颈后部有一条白色条纹，宽约等于或略大于吻鼻部宽；前部毛白色而明显，向后至颈部渐有黑褐色毛混入，呈花白色。吻鼻部两侧面至耳壳、穿过眼部为一黑褐色宽带，向后渐宽，但在眼下方有一明显的白色区域。背毛以黑褐色为主。胸、腹部两侧颜色同背色。尾毛长，白色。

生活习性 巢穴多在岩石裂缝、树洞或土洞中，也侵占其他兽类的洞穴。有冬眠习性。通常在 10 月下旬开始冬眠，翌年 3 月开始出洞活动。杂食性，主要以蚯蚓、青蛙、蜥蜴、泥鳅、黄鳝、蜈蚣、小鸟和鼠类等动物为食，也食玉米、小麦、土豆、花生等农作物。

分布范围 省内主要分布于朝阳、葫芦岛。国内主要分布于黑龙江、吉林、辽宁、北京、河北、内蒙古、山西、河南、安徽、江苏等地。国外主要分布于东亚、东南亚。

汪青雄/摄

狗獾 *Meles meles*

英文名 Eurasian Badger

识别要点 别名芝麻獾。体型较大，体长 500~700 mm，体重 5~10 kg。吻鼻长，鼻端粗钝，耳壳短圆，眼小。颈部粗短，四肢短健，前后足的趾均具粗而长的黑棕色爪，尾短。肛门附近具腺囊。狗獾体被褐色或混杂乳黄色的粗硬稀疏针毛。体侧黑褐色针毛减少，而白色或乳黄色毛尖增多。头部针毛较短，约为体背针毛长度的1/4。头顶有白色纵纹3条，喉部黑褐色。耳背及后缘黑褐色，耳上缘白色或乳黄色，耳内缘乳黄色。从下颌直至尾基及四肢内侧黑棕色或淡棕色。

生活习性 具冬眠习性，挖洞而居。性情凶猛，但不主动攻击家畜和人，当被人或猎犬紧逼时，常发出短促的"哺、哺"声，同时以锐利的爪和齿回击。

分布范围 省内广泛分布，以东部山区数量为多。国内各省份均有分布。国外主要分布于朝鲜、俄罗斯、哈萨克斯坦、韩国、蒙古国、乌兹别克斯坦。

香鼬 *Mustela altaica*

英文名 Mountain Weasel

识别要点 别名香鼠。体长 200~280 mm，尾长 110~150 mm，体重 80~350 g。体型较小，躯体细长，颈部较长，四肢较短，一般尾长不及体长之半，尾毛比体毛长，略蓬松。跖部毛被稍长。半跖行性。前、后足均具 5 趾，爪微曲而稍纤细。前足趾垫呈卵圆形，掌垫 3 枚，略圆，腕垫 1 对。后足掌垫 4 枚。掌、趾垫均裸露。夏季上体毛色从枕部向后经脊背至尾背及四肢前面为棕褐色。面部毛色暗，呈栗棕色。腹部自喉向后直到鼠鼷及四肢内侧，为淡棕色，与体背形成明显毛色分界。腹部白色毛尖带淡黄色。上、下唇缘、颊部及耳基白色。耳背棕色。冬毛背腹黄褐色。尾近末端毛色偏暗。

生活习性 单独活动，晨昏时分最为活跃。栖居洞穴内。常利用鼠类等其他动物的洞穴为巢。性情机警，行动迅速、敏捷。觅食区域比较广泛，主要以小型啮齿动物为食，如鼠兔、黄鼠等。

分布范围 省内主要分布于沈阳、大连、抚顺、铁岭。国内主要分布于北方各省份。国外主要分布于巴基斯坦、不丹、俄罗斯、哈萨克斯坦、吉尔吉斯斯坦、蒙古国、尼泊尔、塔吉克斯坦、印度。

艾鼬 *Mustela eversmanni*

英文名 Steppe Polecat

识别要点 别名艾虎。体长310~560 mm，尾长110~150 mm，体重500~1000 g。体型较大。身体呈圆柱形。吻部短而钝。颈部稍粗。被毛的长度不同，背中部毛最长，尾基毛次之，略呈拱曲形。尾长近体长之半，尾毛稍蓬松。四肢较短，跖行性。脚掌被毛。掌垫发达。爪粗壮而锐利。身体背面为棕黄色，自肩部沿背脊向后至尾基棕红色，体侧为淡棕色，鼻周和下颌为白色。鼻中部、眼周及眼间为棕黑色。眼上前方具卵圆形白斑。头顶棕黄色，额部棕黑色，具一条白色宽带。颊部、耳基灰白色，耳背及外缘为白色。颏部、喉部棕褐色。胸部、鼠蹊部淡黑褐色。

生活习性 栖息于开阔山地、草地、灌丛及村庄附近。通常单独活动。夜行性，有时也在白天或晨昏活动。性情凶猛，行动敏捷。善于游泳和攀缘。主要以鼠类等啮齿动物为食，也食鸟类、鸟卵、小鱼、蛙类、甲壳动物，以及一些植物浆果、坚果等。

分布范围 省内主要分布于沈阳、锦州、阜新、铁岭、朝阳。国内主要分布于黑龙江、吉林、辽宁、内蒙古、河北、山西、甘肃、宁夏、青海、陕西、新疆、贵州、四川、河南、江苏、西藏等地。国外主要分布于欧亚大陆。

谷国强/摄

谷国强/摄

谷国强/摄

黄鼬 *Mustela sibirica*

英文名 Siberian Weasel

识别要点 别名黄鼠狼。体长 280~400 mm，尾长 120~250 mm，体重 210~1200 g。体型中等，身体细长。头细，颈较长。耳壳短而宽，稍突出于毛丛。尾长约为体长之半。冬季尾毛长而蓬松，夏秋毛绒稀薄。四肢较短，均具 5 趾，趾间有很小的皮膜。肛门腺发达。毛色浅沙棕色至黄棕色，色泽较淡。吻端和颜面部深褐色；鼻端周围、口角白色；腹部颜色略淡；夏毛颜色较深，冬毛颜色浅淡且带光泽；尾部、四肢与背部同色。鼻基部、前额及眼周浅褐色。

生活习性 夜行性，尤其是清晨和黄昏活动频繁，有时也在白天活动。在石穴和树洞中筑巢。黄鼬有一种退敌的武器，就是位于肛门两旁的一对臭腺。杂食性，主要以小型哺乳动物为食，也捕食两栖动物、鱼类、昆虫和腐肉。

分布范围 省内广泛分布。国内各省份均有分布。国外主要分布于不丹、印度、韩国、朝鲜、蒙古国、缅甸、尼泊尔、巴基斯坦、老挝、俄罗斯、日本、泰国、越南。

伶鼬 *Mustela nivalis*

英文名 Least Weasel

识别要点 别名银鼠、白鼠。体长 140~210 mm，尾长 30~70 mm，体重 50~130 g。身体细长，四肢短，耳朵小。被毛短而致密，跖行性。足掌被短毛，趾、掌垫隐于毛中。足具 5 趾，爪稍曲且纤细。雌兽乳头腋下 2 对，鼠蹊部 3 对。伶鼬冬、夏毛异色。夏季，背面自上唇向后经体侧，直至尾端及四肢外侧为褐色或咖啡色。腹面从喉、颈侧至腹部呈白色。背、腹间分界线明显而整齐。冬季被白色毛。

生活习性 通常单独活动。经常于白天出外觅食，猎食区域一般比较固定。常侵占小型啮齿动物的巢，也利用倒木、岩洞、草丛和土穴等作为隐蔽场所。行动迅速、敏捷。以小型啮齿类为主，同时亦兼食小鸟、蛙类及昆虫等。

分布范围 省内主要分布于鞍山、抚顺、丹东。国内主要分布于辽宁、河北、黑龙江、吉林、内蒙古、四川、新疆等地。国外主要分布于欧亚大陆、北美大陆及非洲北部。

狍 *Capreolus pygargus*

英文名 Siberian Roe Deer

- **识别要点** 别名狍子。体长950~1350mm，肩高670~780 mm，尾长20~30 mm，体重15~30 kg。角短，约230 mm；角干直，基部粗糙有皱纹，分枝不多于3叉；雄性略大。鼻吻裸出无毛，眼大，有眶下腺，耳短宽而圆，内外均被毛。颈和四肢均较长，后肢略长于前肢，尾很短，隐于体毛内。雄性具角，无眉叉，在秋季或初冬时会脱落，之后再缓慢重生。冬毛灰白色至浅棕色。夏毛红赭色，耳朵黑色，腹毛白色；喉、腹白色；臀有白斑块。
- **生活习性** 夏季独居，冬季形成多达20~30只的混合群体。晨昏活动，晚上最活跃。喜食灌木的嫩枝、芽、树叶和各种青草及小浆果、蘑菇等。
- **分布范围** 省内广泛分布，以东部山区数量为多。国内各省份均有分布。国外主要分布于哈萨克斯坦、朝鲜、韩国、蒙古国、俄罗斯。

孙晓明/摄

石鸡 *Alectoris chukar*

英文名 Chukar Partridge

识别要点 体长 300~380 mm。雌雄相似。头顶灰色,上体灰褐色略带粉。自前额贯穿眼部,经颈侧延伸至下喉部,形成一个黑色环,与白色的喉部和红色眼圈形成鲜明对比。胸部灰色,腹部棕黄色,两胁具黑色、栗色和白色纵向条纹;尾下覆羽栗红色。雌雄不易区分。虹膜褐色;喙红色;脚红色。

生活习性 主要栖息于低山丘陵地带的岩石坡、林缘灌丛和干旱草丛等,偶见于山脚农田地带。喜集群活动,性机警,善隐蔽,奔跑迅速;因晨昏喜在岩石上"嘎啦、嘎啦"的鸣叫,部分地区也称作"嘎嘎鸡"。食性较杂,主要以植物的嫩叶、浆果和种子等为食,也食部分农作物和昆虫等。多营巢于地面草丛或灌丛中的石堆或凹陷处。

分布范围 省内主要分布于锦州、阜新、朝阳、葫芦岛等地,留鸟。国内主要分布于华北、东北和西北的大部分地区。国外主要分布于欧亚大陆中部。

斑翅山鹑 *Perdix dauurica*

英文名 Daurian Partridge

识别要点 体长 250~310 mm。雌雄相似。雄鸟整体灰褐色，并杂以栗色。头顶灰褐色杂白色纵纹；前胸两侧灰色，颏部、喉部红褐色延伸至上腹，腹部具黑色马蹄形斑块；喉侧具不显著的羽须；两胁灰色具栗色斑纹。雌鸟腹部黑色斑块不明显或无。虹膜棕褐色；喙灰黑色；脚浅黄或灰肉色。

生活习性 主要栖息于中低海拔的森林草原、灌丛草原和农田荒地等开阔生境。除繁殖季节多集群活动；部分地区俗称"沙半鸡"。主要以草种和昆虫等为食。通常营巢于开阔的平原、低山丘陵的疏林和灌丛等地区。

分布范围 省内广泛分布，留鸟。国内主要分布于华北、东北和西北的大部分地区。国外主要分布于东亚北部及西伯利亚南部等地区。

孙晓明／摄

孙晓明/摄

孙晓明/摄

孙晓明/摄

豆雁 *Anser fabalis*

英文名 Bean Goose

识别要点 体长 700~900 mm。雌雄相似。整体颜色偏深棕色，比其他雁颜色更深。喙黑褐色，有一明显的橘黄色带斑，相似种短嘴豆雁、鸿雁和灰雁，区别在于鸿雁喙部是黑色，喙基和额基部有一白色圈；灰雁喙粉色。虹膜暗棕色；喙黑色；脚橘黄色。

生活习性 主要栖息于江河、湖泊和海岸等生境，也觅食于农田。集群活动，多与其他雁类混群。主要以植物的嫩叶和幼芽为食，偶食少量软体动物。

分布范围 迁徙季节省内广泛分布，多为旅鸟，部分地区有越冬记录。国内迁徙时见于华北、东北和华东，越冬于新疆、黄河以南及海南等地。国外繁殖于西伯利亚北部及欧洲北部，越冬于欧洲中南部及朝鲜、日本等地。

灰雁 *Anser anser*

英文名 Graylag Goose

识别要点 体长 760~890 mm。雌雄相似。整体呈灰褐色，粉色的喙和脚为本种的主要识别特征。头顶和后颈褐色；喙基无白色。上体羽缘白，而使上体形成扇贝形图纹。胸浅烟褐色，尾上及尾下覆羽均白。飞行中浅色的翼前区与飞羽的暗色成对比。虹膜褐色。

生活习性 主要栖息于沼泽、湖泊等生境。除繁殖期外，多集群活动。主要以植物的根、茎、叶、果实和种子等为食，也食虾、螺和昆虫等。多营巢于水边的草丛或芦苇中。

分布范围 迁徙季节省内主要分布于大连、本溪、锦州、营口、盘锦等地，多为旅鸟。国内各省份均有分布，繁殖于我国北方大部分地区，结小群越冬于中部及南部的部分湖泊。国外繁殖于欧亚大陆北部，越冬于印度及北非、东南亚。

孙晓明/摄

黑雁 *Branta bernicla*

英文名 Brant Goose

识别要点 体长550~660 mm。雌雄相似。整体呈深灰色。头、颈近全黑，上颈侧具明显的白色横斑，在颈后几近相连；尾下覆羽白色。虹膜黑褐色；喙黑色；脚黑色。

生活习性 主要栖息于海岸、河口、内陆湖泊及芦苇沼泽地带。性活跃，常集群活动，但较少与其他雁类混群。以海藻、各种草本植物的种子及贝类和水生无脊椎动物为食。

分布范围 迁徙季节省内主要分布于大连等南部沿海地区，旅鸟。国内为罕见冬候鸟，迁徙经过我国东北、华北、华东，有少量个体在黄海沿岸至台湾越冬。国外繁殖于北美、西伯利亚北部，越冬于北半球中北部沿海及河口地带。

翘鼻麻鸭 *Tadorna tadorna*

英文名 Common Shelduck

识别要点 体长550~650 mm。雌雄相似。体羽大都白色，颜色醒目。头部、上颈部和肩部黑色具有绿色光泽，飞羽深绿色；胸部有一条明显的栗色横带，腹部有一黑色纵带延伸至肛周；尾尖端绿色。雌鸟较雄性体型略小，羽色略淡，且喙基部无皮质瘤。虹膜浅褐色；喙赤红色，基部有一明显的瘤状突起（皮质瘤）；脚肉红色。

生活习性 主要栖息于河流、湖泊及其附近的荒草地、沼泽和农田等，也见于盐田、海边滩地等。除繁殖季节，多集群活动。性机警，善游泳和潜水，也善行走。食性较杂，主要以昆虫、软体动物、小型鱼虾等为食，也食海藻和植物叶片、嫩芽和种子等。

分布范围 迁徙季节省内广泛分布，多为旅鸟，部分地区为夏候鸟。国内均有分布，主要繁殖于东北、西北地区，迁徙至东部及东南部越冬。国外主要分布于欧亚大陆、非洲。

孙晓明/摄

孙晓明/摄

孙晓明/摄

赤膀鸭 *Mareca strepera*

英文名 Gadwall

识别要点 体长450~570mm。繁殖期雄鸟整体呈灰褐色，胸前有细密的云纹，飞行时具明显的白色覆羽，翅上具栗红色斑块，尾黑色。雌鸟不易辨别，似绿头鸭雌鸟，喙侧橙色。虹膜褐色；喙雄鸟繁殖期黑色，非繁殖期橘黄色，但中部灰黑色；脚橘黄色。

生活习性 主要栖息于江河、湖泊和沼泽等内陆淡水水域，非繁殖期也见于沿海地区。胆小而性机警，常集群活动，也喜欢与其他鸭类混群。主要以水生植物为食。

分布范围 迁徙季节省内广泛分布，多为旅鸟，部分地区有越冬记录。国内各省份均有分布，繁殖于我国东北北部及新疆西部，越冬于西藏南部和长江以南的大部分地区。国外繁殖于欧亚大陆北部和北美中部。

罗纹鸭 *Mareca falcata*

英文名 Falcated Duck

识别要点 体长 460~540 mm。雌雄异色。雄鸟头顶栗色，头侧至颈部绿色并具光泽；与其他鸭类区别最显著的特征是伸长而向下弯曲的三级飞羽。雌鸟不易辨别，整体呈暗褐色杂深色，头及颈部色浅，两胁略带扇贝形纹，三级飞羽较长但不弯曲；区别于赤膀鸭雌鸟，喙和脚均为黑色或暗灰色。虹膜褐色；喙黑色；脚暗灰。

生活习性 主要栖息于江河、湖泊、河口、农田和沼泽等生境，也见于农田等。除繁殖期多集群活动，胆小而性机警。主要以水生植物为食，也食软体动物、甲壳类和水生昆虫等无脊椎动物。

分布范围 迁徙季节省内广泛分布，多为旅鸟，部分地区有越冬记录。国内各省份均有分布，繁殖于东北北部，越冬于黄河中下游以南地区。国外繁殖于西伯利亚东部，越冬于朝鲜、日本、缅甸和印度北部。

孙晓明/摄

孙晓明/摄

孙晓明/摄

赤颈鸭 *Mareca penelope*

英文名 Eurasian Wigeon

识别要点 体长420~510 mm。雌雄异色。雄性头大而呈栗色，具皮黄色冠；体羽多灰色，两胁具白斑；黑色的尾下覆羽与白色的腹部形成鲜明对比。雌鸟通体灰褐或棕褐色，头顶和后颈杂以浅褐色细纹，上背杂有深褐色横斑；腹白。虹膜棕色；喙蓝灰色；脚灰色。

生活习性 主要栖息于各类浅水水域，偶见于开阔水面或稻田。除繁殖期外，常集群活动，常与其他鸭类混群。主要以植物性食物为食，偶食少量。

分布范围 迁徙季节省内广泛分布，多为旅鸟，大连、丹东等地有越冬记录。国内各省份均有分布，繁殖于东北北部，越冬于黄河中下游以南的大部分地区。国外繁殖于欧亚大陆北部，越冬于欧洲南部、非洲北部、亚洲南部。

孙晓明/摄

绿头鸭 *Anas platyrhynchos*

英文名 Mallard

识别要点 体长 550~700 mm。雌雄异色。家鸭的两大祖先之一。雄性头部绿色具光泽，被白色颈环，与栗褐色胸部隔开；具上下镶白边的蓝紫色翼镜，飞行时尤为明显。雌性整体呈褐色，带深色斑；具一条明显的深色贯眼纹。虹膜褐色；喙雄性黄色，雌性黄褐色；脚橘黄色。

生活习性 栖息于河流、湖泊、沼泽、河口和稻田等多种生境，适应性强。除繁殖期外，常集群活动，对人类的干扰耐受性大。主要以植物性食物为食，也食软体动物、甲壳类和水生昆虫等。多营巢各种淡水水域边的草丛、蒲草丛或芦苇丛中，也见于河滩，甚至农民的苞米垛上等，营巢环境极为多样。

分布范围 迁徙季节省内广泛分布，多为夏候鸟或旅鸟，部分地区有越冬记录。国内各省份均有分布，多繁殖于西北和东北地区，越冬于黄河以南的大部分地区。国外主要分布于亚洲、欧洲、北美洲和北非。

斑嘴鸭 *Anas zonorhyncha*

英文名 Chinese Spot-billed Duck

识别要点 体长 580~630 mm。雌雄相似。家鸭的两大祖先之一。整体呈深褐色，头顶深色，具深色贯眼纹和髭纹；喙黑色而喙端黄色为本种的主要鉴别特征之一。具镶白边的蓝紫色翼镜，飞行时较为明显。虹膜褐色；喙黑色，端部黄色；脚橘红色。

生活习性 栖息于河流、湖泊、沼泽、河口和稻田等多种生境，适应性强。除繁殖季节，常集群活动，对人类的干扰耐受性大。主要以水生植物为食，也食软体动物、昆虫等。多营巢于河流、湖泊等水域边的草丛或芦苇丛中。

分布范围 迁徙季节省内广泛分布，多为夏候鸟或旅鸟，部分地区有越冬记录。国内各省份均有分布，繁殖于我国北方大部分地区，南方越冬。国外主要分布于印度、缅甸。

孙晓明 / 摄

孙晓明/摄

孙晓明/摄

针尾鸭 *Anas acuta*

英文名 Northern Pintail

识别要点 体长 510~760 mm。雌雄异色。雄性头部棕色，喉部白色，颈后侧具白色细纹与喉部相连；两胁具灰色扇贝形纹；尾羽黑色，中央尾羽延长，特化成针状，也是本种的主要识别特征之一；两翼灰色具铜绿色翼镜；下体白色。雌性整体呈浅褐色，上体多黑斑，下体皮黄，胸部具黑点。虹膜褐色；喙蓝灰色；脚灰色。

生活习性 主要活动于河流、湖泊、沼泽、河口及海岸等浅水水域，也至稻田等生境觅食。除繁殖季节，多集群活动，常与其他鸭类混群。主要以植物性食物为食，也食水生无脊椎动物和昆虫等。

分布范围 迁徙季节省内广泛分布，多为旅鸟，部分地区有越冬记录。国内各省份均有分布，主要繁殖于新疆西北部和西藏南部，越冬于长江以南的大部分地区。国外繁殖于欧亚大陆北部及北美大陆北部，部分种群常年栖息于南印度洋的岛屿上。

绿翅鸭 *Anas crecca*

英文名 Northern Pintail

识别要点 体长340~380 mm。雌雄异色。雄性整体呈灰色；头颈部主体呈栗褐色，自眼周至颈侧有一条形似逗号的绿色带斑，色带周围有一较明显的较细的白色带与栗褐色分开，这也是本种的主要鉴别特征之一；繁殖季节体侧有一条较为明显的白色横斑，尾下覆羽有一皮黄色三角形色斑；飞行时翼上覆羽具白色横带，绿色的翼镜也较为明显。雌性特征不明显，主体呈褐色，体型小巧，绿色的翼镜是其主要鉴别特征之一。虹膜褐色；喙灰黑色；脚灰色。

生活习性 主要栖息于河流、湖泊、河口、海湾等多种湿地生境，也见于稻田等，适应性较强。除繁殖季节，多集群活动，常与其他鸭类混群。主要以植物性食物为主，也食小型无脊椎动物和水生昆虫等。

分布范围 迁徙季节省内广泛分布，多为旅鸟，部分地区为冬候鸟。国内各省份均有分布，主要繁殖于东北北部和新疆西北部，冬季向南部迁徙。国外繁殖于欧亚大陆北部。

孙晓明/摄

孙晓明/摄

孙晓明/摄

琵嘴鸭 *Spatula clypeata*

英文名 Northern Shoveler

识别要点 体长 440~520 mm。雌雄异色。喙特长，末端扩大呈铲状，有人认为其喙似琵琶，因而得名琵嘴鸭。雄性头深绿而具金属光泽，胸部白色，腹部栗色。雌鸟整体褐色斑驳，尾上覆羽和尾羽具棕白色横斑；有一条较细的深色贯眼纹。虹膜褐色；繁殖期雄鸟喙近黑色，雌鸟褐色，喙缘橘黄色；脚橘黄色。

生活习性 主要栖息于开阔的河流、湖泊等生境，也见于沿海、咸水水域。除繁殖季节，多集群活动，常与其他鸭类混群。主要以小型无脊椎动物、小鱼和小蛙等为食，冬季也以植物种子等为食。

分布范围 迁徙季节省内主要分布于沈阳、大连、锦州、营口、朝阳、盘锦等地，多为旅鸟，部分地区为冬候鸟。国内各省份均有分布，主要繁殖于西北和东北，越冬于秦岭以南。国外繁殖于全北界，越冬于南亚、东南亚、非洲北部及中美洲。

白眉鸭 *Spatula querquedula*

英文名 Garganey

识别要点 体长 370~410 mm。雌雄异色。雄鸟头和颈部整体呈淡栗色；有一条明显的白色眉纹延伸至头后，也是本种的主要鉴别特征之一；胸部棕黄色，密布暗褐色的波状斑纹，与棕白色的两胁和下腹形成明显的对比。雌性上体深褐色，下体乌白色，具深色贯眼纹，眉纹棕白色而不显著。虹膜栗色；喙黑色；脚蓝灰色。

生活习性 主要栖息于开阔的淡水水域。除繁殖季节，多集群活动。主要以水生植物为食，也食少量无脊椎动物等。

分布范围 迁徙季节省内广泛分布，多为旅鸟，部分地区有越冬记录。国内各省份均有分布，繁殖于东北北部和西北北部，越冬于华南等大部分地区。国外繁殖于英格兰至俄罗斯远东地区，越冬于撒哈拉沙漠以南、印度和东南亚。

孙晓明 / 摄

孙晓明 / 摄

孙晓明/摄

红头潜鸭 *Aythya ferina*

英文名 Common Pochard

识别要点 体长 410~500 mm。雌雄异色。雄性头部栗红色；胸部黑褐色；背部白色而带黑色细纹；下体灰白色；腰部、尾上和尾下覆羽黑色。雌鸟身体以灰褐色为主；头、颈和胸部棕褐色，颏和喉部棕白色；眼周皮黄色。虹膜雄鸟红色，雌鸟褐色；喙灰而端部黑；脚灰色。

生活习性 主要栖息于开阔的水面。常集大群活动，善潜水。主要潜水觅食水下的水藻、水生植物等，也食软体动物、水生昆虫、小鱼和小虾等。

分布范围 迁徙季节省内广泛分布，多为旅鸟，部分地区为冬候鸟。国内除海南外各省份均有分布，繁殖于新疆北部和东北西北部，越冬于长江流域以南地区。国外繁殖于西欧至中亚，越冬于北非和印度。

凤头潜鸭 *Aythya fuligula*

英文名 Tufted Duck

识别要点 体长340~490 mm。雌雄异色。雄性整体呈黑色，腹部和两胁白色；头部有一条明显的羽冠。雌鸟整体呈深褐色，羽冠短或不明显；两胁有深浅相间的褐色纵纹。虹膜黄色；喙灰色，端部黑色；脚灰色。

生活习性 主要栖息于河流、湖泊和河口等开阔水面。喜集群活动，尤善潜水。主要以无脊椎动物、水生昆虫和小鱼等为食，也食水生植物等。

分布范围 迁徙季节省内广泛分布，多为冬候鸟或旅鸟。国内各省份均有分布，繁殖于东北，越冬于长江以南的大部分地区。国外繁殖于欧亚大陆北部，越冬于欧亚大陆南部、朝鲜半岛。

孙晓明/摄

孙晓明/摄

孙晓明/摄

斑背潜鸭 *Aythya marila*

英文名 Greater Scaup

识别要点 体长420~490 mm。雌雄异色。形似凤头潜鸭，但无羽冠，且个体稍大。雄性头、颈部黑色，略显绿色金属光泽；背部白色，有黑色波浪状云纹；腹部、两胁白色，杂以暗色细斑。雌鸟似凤头潜鸭的雌鸟，但喙基部具一明显的白斑。虹膜亮黄色；喙蓝灰色；脚灰色。

生活习性 生境似其他潜鸭，但更喜沿海水域或河口等。喜集群活动，常与凤头潜鸭等混群，善潜水。主要以无脊椎动物、水生昆虫和小型鱼类等为食，也食水生植物。

分布范围 迁徙季节省内主要分布于大连、丹东、盘锦、葫芦岛等地，多为冬候鸟。国内主要分布于沿海各省份。国外繁殖于欧亚大陆和北美大陆北部，越冬于千岛群岛、朝鲜半岛等地区。

丑鸭 *Histrionicus histrionicus*

英文名 Harlequin Duck

识别要点 体长 380~450 mm。两颊及耳羽具白色斑点，头高而喙小。繁殖季节雄性灰蓝色，两胁栗色，枕部、上下胸部和两翼覆羽具白色条纹。肩羽甚长，为黑白色。非繁殖季节雄鸟整体呈深褐色，枕部、肩部和下胸的白色条纹仍然清晰可见。雌鸟似雄鸟，但枕部、肩羽和胸部无白色条纹。虹膜深褐色；喙灰色；脚灰色。

生活习性 繁殖期栖息于山间溪流中，越冬于海上，喜海岸礁岩地带。冬季集小群活动。主要以水生昆虫、无脊椎动物和小型鱼类等为食。

分布范围 迁徙季节省内主要分布于大连、锦州等地，冬候鸟。国内主要分布于黑龙江、河北、山东、北京、四川和陕西等地。国外主要分布于东亚至北美地区。

顾晓军/摄

孙晓明/摄

斑脸海番鸭 *Melanitta fusca*

英文名 Siberian Scoter

识别要点 体长 510~580 mm。雌雄异色。雄鸟眼下至眼后具一条上翘的白色细斑，额部平滑，喙基部有一瘤状突起。雌鸟浅褐色，眼先和耳羽各具一白斑。虹膜雄鸟白色，雌鸟褐色；喙雄鸟暗红色，边缘黄色，雌鸟近灰色。

生活习性 主要繁殖于水流平缓、开阔的湖泊中，越冬于多岩石的海岸边。成对或集群活动，善潜水。主要以鱼类、无脊椎动物和水生昆虫等为食。

分布范围 偶见于大连、锦州等地，迷鸟。国内主要分布于东部沿海地区。国外繁殖于西伯利亚，越冬于东亚沿海地区。

长尾鸭 *Clangula hyemalis*

英文名 Long-tailed Duck

识别要点 体长 370~600 mm。雌性体长 370~470 mm。雄鸟冬羽为灰、黑和白色，中央尾羽甚长，胸部为黑色，颈侧有大块黑斑。雌鸟冬羽褐色，头、腹部白色，头顶黑色，颈侧具黑斑，尾羽不延长。虹膜暗黄；喙雄鸟灰黑色，近尖端处有粉色斑，雌鸟灰色；脚灰色。

生活习性 冬季主要栖息于海上，少见于淡水。多集大群活动，善潜水。主要以鱼类和无脊椎动物等为食。

分布范围 迁徙季节省内广泛分布，多为冬候鸟或旅鸟。国内主要分布于东部沿海地区，四川、重庆等内陆地区有迷鸟记录。国外主要繁殖于勒拿河至白令海峡、鄂霍次克海东北和堪察加北部，越冬于白令海峡北部和南部海域。

孙晓明/摄

孙晓明/摄

孙晓明/摄

鹊鸭 *Bucephala clangula*

英文名 Common Goldeneye

识别要点 体长400~480 mm。繁殖季节雄鸟头部较尖，呈墨绿色，有金属光泽，喙基部具大块白斑；胸及下体白色。雌鸟整体灰褐色，头暗褐色，喙基部无白斑，通常颈下部有白色颈环。非繁殖季节雄鸟似雌鸟，但喙基部白色斑依稀可见。虹膜黄色；喙近黑色；脚橙色。

生活习性 繁殖于水流较缓的淡水水域，越冬于河流、湖泊和海湾等多种生境。集小群活动，少与其他鸭类混群，善潜水。主要以小鱼、蛙类和无脊椎动物等为食。

分布范围 迁徙季节省内广泛分布，北部主要为旅鸟，南部地区为冬候鸟。国内除海南外各省份均有分布，主要繁殖于新疆和东北北部地区，越冬于黄河流域以南、东北至东南沿海。国外繁殖于北美洲北部、西伯利亚、欧洲中部和北部。

孙晓明/摄

孙晓明/摄

红胸秋沙鸭 *Mergus serrator*

英文名 Red-breasted Merganser

识别要点 体长 520~600 mm。喙部细长而端部具钩，丝状羽冠长而细尖。繁殖期雄鸟主要呈黑白两色，体侧有蠹状纹。与中华秋沙鸭的区别在于胸部棕色、条纹深色；与普通秋沙鸭的区别在于深色的胸部和羽冠更长。非繁殖期雄鸟似雌鸟，羽色整体呈棕褐色，头部棕色，颈部灰白色；但雌性眼先具白色，颏及前颈近白色。虹膜红色；喙红色；脚橘黄色。

生活习性 主要繁殖于森林中的河流、湖泊等水域，越冬于海面或近海的水体中。多集群活动。主要以鱼类、无脊椎动物等为食。

分布范围 迁徙季节省内广泛分布，多为冬候鸟或旅鸟。国内繁殖于黑龙江北部，越冬于南方沿海地区。国外主要越冬于东南亚。

孙晓明/摄

孙晓明/摄

小䴙䴘 *Tachybaptus ruficollis*

英文名 Little Grebe

识别要点 体长230~290 mm。雌雄相似。中国最常见水鸟之一。尾短、翅短、腿短，使身形近乎椭圆，喙尖。繁殖羽头顶及上颈黑褐色；脸、颈侧和下喉部栗红色；上体余部暗褐色；下体胸部、两胁和肛周灰褐色；后胸和腹部灰白色。非繁殖羽整体较暗淡，上体灰褐色。虹膜黄色或褐色；喙褐色，尖端白色，基部黄色；脚青灰色。

生活习性 主要栖息于河流、湖泊和池塘等淡水生境，偶见于沿海水域。一般单独或成对活动，冬季集小群，善潜水，不善飞行。主要以小型鱼虾为食。繁殖期远离岸边营浮巢。

分布范围 省内广泛分布，夏候鸟或留鸟。国内各省份均有分布。国外主要分布于欧亚大陆、非洲和东南亚。

孙晓明/摄

孙晓明/摄

凤头䴙䴘 *Podiceps cristatus*

英文名 Great Crested Grebe

识别要点 体长 450~510 mm。体型最大的一种䴙䴘，颈部修长，雌雄相似。繁殖期头部两侧及颏白色；头顶黑色，具明显的黑色羽冠；头后至后颈具棕色翎羽，羽端黑色；后颈、背部至腰部为棕褐色；腹白色；尾短小，呈黑褐色。非繁殖期上体呈黑褐色，羽冠不明显。虹膜近红；喙暗褐色，基部偏红色。

生活习性 主要栖息于开阔的河流、湖泊、水库和沿海等生境。单独或集小群活动。主要以鱼虾等为食。繁殖期远离岸边营浮巢。

分布范围 省内广泛分布，多为夏候鸟，部分地区为冬候鸟或旅鸟。国内各省份均有分布。国外主要分布于欧洲、非洲、大洋洲。

岩鸽 *Columba rupestris*

英文名 Hill Pigeon

识别要点 体长 300~350 mm。雌雄相似。整体呈青灰色，颈部闪绿紫色金属光泽，形成显著的颈环；翅上具两道明显的黑色横斑；腰部白色；尾先端黑色，中部具白色横斑带，基部灰色。与相似种原鸽相比，岩鸽的腹及背部颜色较浅，原鸽尾上无白色横带。虹膜浅褐色；喙黑色；脚朱红色。

生活习性 主要栖息于有岩石和峭壁的生境。集小群于山谷草地或平原上觅食。主要以植物种子为食，也喜食玉米、高粱和小麦等农作物。多营巢于岩石或峭壁的缝隙中，也见于建筑物的屋檐下等。

分布范围 省内广泛分布，多为留鸟。国内主要分布于北方地区。国外主要分布于中亚、西伯利亚、蒙古国至朝鲜半岛。

孙晓明/摄

孙晓明/摄

孙晓明/摄

山斑鸠 *Streptopelia orientalis*

英文名 Oriental Turtle Dove

识别要点 体长 280~360 mm。雌雄相似。上体大部分呈褐色；颈侧具数道黑白相间横纹组成的块状斑；上背黑褐色，具红褐色羽缘，尾羽黑褐色；下体喉和胸呈棕粉色，腹部偏粉。虹膜黄色；喙灰色；脚粉红色。

生活习性 栖息于低山、丘陵、平原和山地等的阔叶林、混交林、耕地、果园等多种生境。多单独或成对活动。地面取食植物的种子、果实和嫩芽等。树上营巢。

分布范围 省内广泛分布，多为留鸟。国内各省份均有分布。国外主要分布于西伯利亚、中亚、南亚和东亚。

灰斑鸠 *Streptopelia decaocto*

英文名 Oriental Turtle Dove

识别要点 体长 250~340 mm。雌雄相似。整体呈灰褐色；后颈部具明显的黑白色半领圈，是本种的主要特征之一。与火斑鸠的主要区别：火斑鸠的半领环全黑，脚深褐色。虹膜褐色；喙灰色；脚粉红色。

生活习性 主要栖息于开阔的平原、村落、耕地和果园等生境。常集小群活动，偶与其他斑鸠混群。在地面取食植物的种子、果实和嫩芽等。树上营巢。

分布范围 省内广泛分布，多为留鸟。国内主要分布于新疆西部及华北、东北南部、华东等地。国外主要分布于欧洲、西亚、南亚。

孙晓明/摄

火斑鸠 *Streptopelia tranquebarica*

英文名 Red Turtle Dove

识别要点 原名*红鸠。体长 200~230 mm。雌雄异色。较粗的黑色半领环为本种的主要识别特征。雄性整体呈酒红色；头部偏灰色，胸腹部色浅。雌性整体呈灰褐色，似灰斑鸠。虹膜暗褐色；喙黑色；脚深褐色。

生活习性 主要栖息于开阔的平原、村落、果园等生境，也出现于低山丘陵等林缘地带，喜停于电线杆或高大的枯树上。常成对或集小群活动，有时亦与山斑鸠和珠颈斑鸠混群活动。在地面觅食植物的种子、果实等为食，偶食昆虫等。

分布范围 省内主要分布于大连、营口等地，多为留鸟。国内除新疆外各省份均有分布。国外主要分布于印度、尼泊尔、不丹、孟加拉国、菲律宾及中南半岛。

孙晓明/摄

*原名是指在《辽宁省重点保护野生动物名录》（1991 年、2010 年）的名称。

孙晓明/摄

毛腿沙鸡 *Syrrhaptes paradoxus*

英文名 Pallas's Sandgrouse

识别要点 体长 300~430 mm。雌雄相似。体型似家鸽。中央尾羽毛甚长。整体呈沙棕色，上体具浓密的黑色杂点。两颊及喉部具橙黄色斑纹；下腹具一块明显的黑斑。雄鸟与雌鸟的区别在于雄鸟胸部浅灰色，无纵纹，具黑色细小横斑形成的胸带；雌鸟喉部具狭窄黑色横纹，颈侧具细点斑。虹膜褐色；喙灰绿色；脚偏蓝色，被羽。

生活习性 典型的荒漠鸟类。主要栖息于荒漠、半荒漠等生境，也见于农田、草地及河边等地带。常集群活动。主要以草籽、植物的嫩芽和昆虫等为食。营巢于地面沙土凹处。

分布范围 省内广泛分布，留鸟或冬候鸟。国内主要分布于东北、华北及西北等地区。国外主要分布于哈萨克斯坦、乌兹别克斯坦、蒙古国及西伯利亚。

普通夜鹰 *Caprimulgus indicus*

英文名 Grey Nightjar

识别要点 体长 240~290 mm。雌雄相似。整体呈黑褐色，密布深色或白色的虫蠹斑。髭纹白色，下喉部具白斑。嘴裂大，口须发达。雄鸟中央尾羽黑色，外侧两对尾羽有白色次端斑。雌鸟尾羽皮黄色或无白斑。虹膜褐色；喙黑色；脚深咖色。

生活习性 主要栖息于森林、草原、平原和农田等各种生境，白天喜停歇在水平树枝或地面的枯枝落叶上。夜行性，常单独活动。主要以昆虫为食。地面营巢。

分布范围 迁徙季节省内广泛分布，多为旅鸟，部分地区为夏候鸟。国内除新疆、青海外各省份均有分布。国外繁殖于东亚，越冬于南亚或东南亚。

孙晓明/摄

孙晓明/摄

孙晓明/摄

白喉针尾雨燕 *Hirundapus caudacutus*

英文名 White-throated Spinetail

识别要点 体长 190~210 mm。雌雄相似。整体偏黑色。颏、喉部白色；两胁至尾下覆羽呈马蹄形白色斑；背部具马鞍形白色斑块。与其他针尾雨燕区别在于喉白色。虹膜深褐色；喙黑色；脚黑色。

生活习性 主要栖息于中高海拔山地中的针阔混交林和针叶林以及林间河谷。单独或集小群活动。主要以小型陆生无脊椎动物为食。营巢于悬岩石缝或树洞中。

分布范围 迁徙季节省内主要分布于大连、丹东、营口、盘锦等地，夏候鸟。国内繁殖于东北，越冬于东南地区。国外繁殖于亚洲北部，越冬于澳大利亚和新西兰。

普通雨燕 *Apus apus*

英文名 Common Swift

识别要点 原名楼燕。体长160~190 mm。雌雄相似。整体呈黑褐色。额、喉部灰白色。深叉形尾。虹膜深褐色；喙黑色；脚黑色。

生活习性 栖息于森林、草原、荒漠和城镇等多种生境的上空。多集群活动，除繁殖期几乎昼夜不停飞行。主要以昆虫为食。营巢于天然洞穴、建筑物上、立交桥的缝隙或排水孔等。

分布范围 迁徙季节省内广泛分布，夏候鸟。国内主要分布于北方大部分地区。国外主要越冬于非洲南部。

孙晓明/摄

孙晓明/摄

白腰雨燕 *Apus pacificus*

英文名 Fork-tailed Swift

识别要点 体长 170~200 mm。雌雄相似。整体呈污褐色；下体色稍淡。颏、腰部白色。尾深分叉。与相似种小白腰雨燕的区别在于其体大而色淡，喉色较深，腰部白色马鞍形斑较窄，体型较细长，尾叉开。虹膜深褐色；喙黑色；脚紫黑色。

生活习性 主要栖息于近溪流和水库的崖壁、森林等生境。多集群活动。主要以昆虫为食。营巢于崖壁上。

分布范围 迁徙季节省内广泛分布，多为旅鸟。国内主要繁殖于东北、华北、华东及西藏东部、青海，迁徙时见于华南及台湾、海南、新疆西北部。国外主要分布于东亚、东南亚及西伯利亚等地。

王小平/摄

北棕腹鹰鹃 *Hierococcyx hyperythrus*

英文名 Northern Hawk-cuckoo

识别要点 体长 280~300 mm。雌雄相似。上体呈青灰色；胸部棕色；腹部白色；尾部淡灰褐色而具黑褐色横斑，末端红棕色。与相似种棕腹鹰鹃（霍氏鹰鹃）外形十分相似，区别主要在于其胸部无白色纵纹，枕部具白斑。虹膜红色或黄色；喙黑色，基部黄色；脚黄色。

生活习性 主要栖息于中低海拔的阔叶林中。性胆怯，善隐藏，常单独活动于林层上层。主要以昆虫为食。巢寄生。

分布范围 迁徙季节省内广泛分布，夏候鸟或旅鸟。国内主要繁殖于东北、华北至长江流域，迁徙经过华东、华南等地。国外主要分布于俄罗斯、韩国及日本南部，越冬于婆罗洲岛和苏拉威西岛。

小杜鹃 *Cuculus poliocephalus*

英文名 Lesser Cuckoo

识别要点 体长240~260mm。雌雄相似。上体灰色，头、颈及上胸部灰色；下胸及腹部白色，胸部具横斑；尾下覆羽皮黄色；尾灰色，无横斑，但端部白色。雌鸟也具有棕色型，但通体具黑色横斑。与相似种大杜鹃区别主要在于其体型更小，且叫声有明显区别。虹膜褐色；喙黄色，先端黑色；脚黄色。

生活习性 主要栖息于各种多树木的林地中。性胆怯，善隐藏，常单独或成对活动。主要以昆虫为食。巢寄生。

分布范围 迁徙季节省内广泛分布，夏候鸟。国内除西北地区外各省份均有分布。国外繁殖于喜马拉雅山脉至印度、日本，越冬于非洲、印度南部及缅甸。

汪青雄/摄

张凤江/摄

李显达/摄

四声杜鹃 *Cuculus micropterus*

英文名 Indian Cuckoo

识别要点 体长 300~340 mm。雌雄相似。头部至后颈暗灰色；颏、喉和上胸部色浅；背部、两翼及尾部表面深褐色；下胸部至尾部均白色，胸部杂以黑色横斑，尾部近端处具一宽黑斑。虹膜红色；上喙黑色，下喙偏绿色；脚黄色。

生活习性 主要栖息于低海拔的森林及次生林中。性胆怯，善隐藏，常单独或成对活动。主要以昆虫为食。巢寄生。

分布范围 迁徙季节省内广泛分布，夏候鸟。国内除新疆、西藏、青海外各省份均有分布。国外主要分布于东亚和东南亚地区。

孙晓明/摄

孙晓明/摄

东方中杜鹃 *Cuculus optatus*

英文名 Oriental Cuckoo

识别要点 原名霍氏中杜鹃。体长 330~340 mm。雌雄相似。上体和胸部灰色；腹部及两胁皮黄色并具宽阔的黑色横斑；尾部黑灰色而无端斑。雌鸟也具有棕色型，具黑色横斑。与相似种中杜鹃不易区分，野外主要以鸣叫声区别；与大杜鹃和四声杜鹃的主要区别在于其胸部横斑较粗而宽，且鸣叫声不同；棕色型雌鸟与大杜鹃雌鸟的区别在于其腰部也具横斑。虹膜红褐色；喙黑褐色，下喙基橙黄色；脚橘黄色。

生活习性 主要栖息于山地森林。性胆怯，善隐藏，常单独活动。主要以昆虫为食。巢寄生。

分布范围 迁徙季节省内广泛分布，夏候鸟。国内繁殖于黑龙江、吉林、辽宁、内蒙古、新疆和台湾等地。国外主要分布于亚洲东北部、东南亚和西伯利亚等地。

孙晓明/摄

大杜鹃 *Cuculus canorus*

英文名 Common Cuckoo

识别要点 体长300~350 mm。雌雄相似。头部至后颈银灰色；背部暗灰色；腰部和尾上覆羽蓝灰色；腹部近白色具黑色横斑；尾羽黑褐色并具白斑。棕红色变异型雌鸟为棕色，背部具黑色横斑。相似种：与四声杜鹃区别在于其虹膜黄色，尾上无次端斑；与雌东方中杜鹃区别在于腰无横斑。虹膜及眼圈黄色；喙黑褐色，喙基黄色；脚黄色。

生活习性 主要栖息于中低海拔的森林中，有时也见于农田和居民点附近高大的乔木上。常单独活动。主要以昆虫为食。巢寄生。

分布范围 迁徙季节省内广泛分布，夏候鸟。国内各省份均有分布。国外主要分布于欧洲、非洲及亚洲中南半岛以北等地。

普通秧鸡 *Rallus indicus*

英文名 Eastern Water Rail

识别要点 体长 250~310 mm。雌雄相似。额、头顶和后颈部褐色，颏白色；眉纹、脸部灰色，贯眼纹深褐色；上体橄榄褐色，具黑色纵纹；颈、胸和上腹浅棕灰色，两胁具黑白色横斑。虹膜红色；上喙黑褐色，下喙近红色；跗趾长，趾甚长；脚近红色。

生活习性 主要栖息于沼泽或近水的草丛中。性胆怯，常于晨昏单独活动；步行快速但不善于高飞。主要以水生植物和昆虫等为食，也食鱼类等。多营巢于芦苇沼泽。

分布范围 迁徙季节省内广泛分布，夏候鸟。国内除新疆、西藏外各省份均有分布。国外主要分布于欧亚大陆及非洲北部。

孙晓明/摄

孙晓明/摄

小田鸡 *Zapornia pusilla*

英文名 Baillon's Crake

识别要点 体长 150~200 mm。雌雄相似。喙短，具褐色贯眼纹；背部具白色纵纹，两胁及尾下具白色横纹。雄鸟头顶和上体红褐色，具黑白色纵纹，脸至胸部灰色。雌鸟色暗。虹膜红色；喙偏绿色；脚偏粉色。

生活习性 主要栖息于水域附近的草丛中。性胆怯，善隐藏，常单独活动，极少飞行。主要以水生昆虫、软体动物和水生植物等为食。多营巢于水边密集的植物丛中。

分布范围 迁徙季节省内广泛分布，夏候鸟。国内除西藏、海南外各省份均有分布。国外主要分布于非洲北部和欧亚大陆，南迁至印度尼西亚、菲律宾、新几内亚及澳大利亚。

红胸田鸡 *Zapornia fusca*

英文名 Ruddy-breasted Crake

识别要点 体长190~230mm。雌雄相似。喙短。枕部和上体纯褐色；头顶、脸、前颈、胸部至上腹部棕红色；颏白色；下腹至尾下近黑色，具白色细横纹。虹膜红色；喙灰褐色；脚红色。

生活习性 主要栖息于水边灌丛或芦苇丛中。性胆怯，常晨昏单独活动，不易见到。主要以水生植物、软体动物和昆虫等为食。多营巢于水边草丛或灌丛的地上。

分布范围 迁徙季节省内广泛分布，夏候鸟或旅鸟。国内除西北地区外各省份均有分布。国外主要分布于东亚和东南亚。

孙晓明/摄

孙晓明/摄

白胸苦恶鸟 *Amaurornis phoenicurus*

英文名 White-breasted Waterhen

识别要点 体长 280~350 mm。雌雄相似。整体呈黑白两色，较易辨认。头顶后部、后颈及上体深灰色或黑色，两颊、喉、胸及腹部白色，与上体形成鲜明对照。下腹和尾下覆羽棕色。虹膜红色；喙偏绿色，上喙基部红色；脚黄色。

生活习性 主要栖息于水草茂密的浅水生境。常单独活动，善行走及涉水，较少飞行。主要以水生植物、昆虫等为食。

分布范围 迁徙季节省内广泛分布，旅鸟。国内主要分布于西南和东部地区。国外主要分布于印度次大陆、东南亚。

孙晓明/摄

董鸡 *Gallicrex cinerea*

英文名 Watercock

识别要点 体长 340~430 mm。雌雄异色。喙短。雌鸟褐色，下体具细密的横纹。雄鸟繁殖期黑色，具红色向后突起的尖形角状额甲；非繁殖期体羽似雌鸟，角状额甲不突出，且呈黄褐色。虹膜褐色；喙黄绿色；脚绿色，繁殖期雄鸟为红色。

生活习性 主要栖息于多芦苇的沼泽地，也见于附近草丛或稻田地。多晨昏单独或成对活动。多营巢于芦苇丛中。

分布范围 迁徙季节省内广泛分布，夏候鸟。国内除西北及西藏、黑龙江外各省份均有分布。国外主要分布于印度次大陆和东南亚。

孙晓明/摄

孙晓明/摄

黑水鸡 *Gallinula chloropus*

英文名 Common Moorhen

识别要点 别名红骨顶。体长 240~350 mm。雌雄相似。额甲亮红色，喙短。体羽整体呈黑褐色，仅两胁及尾下覆羽白色。虹膜红色；喙黄色，喙基红色；脚青绿色。

生活习性 主要栖息于植被茂密的蒲草、芦苇和灌丛等生境，也见于稻田中。常成对或集群活动，善游泳和潜水。主要以水生植物、鱼虾和水生昆虫等为食。多营巢于浅水区的芦苇丛或杂草丛中。

分布范围 迁徙季节省内广泛分布，夏候鸟或旅鸟。国内各省份均有分布。世界性广泛分布。

孙晓明/摄

白骨顶 *Fulica atra*

英文名 Common Coot

识别要点 原名骨顶鸡。体长 360~410 mm。雌雄相似。较易辨认，主要特征为通体黑色或黑灰色，仅喙和额甲白色。仅飞行时可见白色的后翼缘。虹膜红色；喙白色；脚灰绿色，具瓣蹼。

生活习性 主要栖息于开阔的水面。常集群活动，善游泳，飞行速度缓慢。潜水捕食，主要以鱼虾、水生昆虫和植物等为食。多营巢于浅水区的芦苇丛或杂草丛中。

分布范围 迁徙季节省内广泛分布，夏候鸟或旅鸟。国内各省份均有分布。世界性广泛分布。

黄脚三趾鹑 *Turnix tanki*

英文名 Common Moorhen

识别要点 体长 140~170 mm。雌雄相似。整体呈棕褐色，上体和胸部两侧具有明显的黑色斑点。雌鸟羽色更鲜艳，枕及背部较雄鸟多栗色。与其他三趾鹑类的主要区别在于脚黄色。虹膜黄色；喙黄色；无后趾；脚黄色。

生活习性 主要栖息于草丛、灌丛、沼泽及耕地。常集小群活动，性胆怯，善隐蔽。主要以植物种子和软体动物等为食。一个繁殖季节雌性可多次婚配，雄性育雏；多营巢于草丛、灌丛或农田中。

分布范围 迁徙季节省内广泛分布，夏候鸟或旅鸟。国内除新疆、宁夏、西藏和青海外各省份均有分布。国外主要分布于印度、孟加拉国及东亚、中南半岛。

孙晓明/摄

孙晓明/摄

红喉潜鸟 *Gavia stellata*

英文名 Red-throated Loon

识别要点 体长 530~690 mm。雌雄相似。喙长，微上翘。繁殖羽成鸟脸部、喉部和侧颈灰色，喉部中央至颈部有一明显栗色三角形斑，颈后方具纵纹，杂以白点；上体余下部分为黑褐色，无白点；下体白色。非繁殖羽成鸟颏、颈侧及脸白色，上体近黑而具白色纵纹；与黑喉潜鸟的区别主要在于其眼先有一较为明显的白色，且颈部及脸部白色区域略大，近后颈部。虹膜红色；喙墨绿色；脚黑色。

生活习性 主要栖息于沿海海面和较大的湖泊中。常单独或成对活动，善游泳和潜水。主要以鱼类为食，也食甲壳类、软体动物等无脊椎动物。

分布范围 迁徙季节省内主要分布于大连等沿海地区，冬候鸟或旅鸟。国内主要分布于东部沿海地区。国外繁殖于欧亚大陆北部和北美北部，越冬于北半球的太平洋和大西洋沿岸。

黑喉潜鸟 *Gavia arctica*

英文名 Common Moorhen

识别要点 体长 560~770 mm。雌雄相似。繁殖羽头及颈后灰色；喉及颈前部墨绿色；上体黑色并具白色网格状纹；颈侧及胸部具白色细纵纹；下体白色；与太平洋潜鸟的区别在于其喉部为墨绿色而非蓝紫色。非繁殖羽下体白色延伸至颈侧、颏及脸下方，头、后颈和背部黑色。虹膜红色；喙夏季黑色，冬季灰色，尖端黑色；脚外侧黑色，内侧灰色。

生活习性 主要栖息于河流、湖泊和沿海水域。常单独或成对活动。主要以鱼类为食。

分布范围 迁徙季节省内主要分布于大连等沿海地区，冬候鸟或旅鸟。国内主要分布于辽宁、河北、天津、山东、江苏、上海、浙江、福建、台湾、新疆等地。国外主要分布于欧亚大陆北部、太平洋西北沿岸、西欧及南欧沿海地区。

孙晓明 / 摄

孙晓明 / 摄

孙晓明/摄

太平洋潜鸟 *Gavia pacifica*

英文名 Pacific Loon

识别要点 体长 600~680 mm。雌雄相似。形似黑喉潜鸟,体色较浅。繁殖羽头顶和后颈灰白色,前颈黑色具蓝紫色光泽。虹膜红色;喙灰色至黑色;脚黑色。

生活习性 主要栖息于河流、湖泊和沿海水域。常成对或集小群活动。主要以鱼类为食。

分布范围 迁徙季节省内主要分布于大连等沿海地区,冬候鸟或旅鸟。国内主要分布于黑龙江、河北东北部、山东、江苏和香港等地。国外主要分布于北美北部、西伯利亚东北部及太平洋北部。

黄嘴潜鸟 *Gavia adamsii*

英文名 Yellow-billed Loon

识别要点 体长 750~1000mm。雌雄相似。繁殖羽头部和颈部墨绿色，颈部具白色条状斑；上背具白色网格状斑。非繁殖羽头上部、后颈及上体灰褐色；具较明显的白色眼圈；两胁及下体白色；背部网格颜色更深，且不明显。较大的体型、象牙白色的喙和喙上翘可作为其主要识别特征。虹膜红色；喙象牙白色；脚黑色。

生活习性 主要繁殖于河流、湖泊等淡水水域，越冬于沿海水域。常单独或成对活动。主要以鱼类和各种小型无脊椎动物为食。

分布范围 迁徙季节省内主要分布于大连等沿海地区，旅鸟。国内主要分布于辽宁、吉林、山东和福建等地。国外繁殖于俄罗斯至加拿大北部，越冬于太平洋西岸。

孙晓明/摄

张凤江/摄

黑叉尾海燕 *Hydrobates monorhis*

英文名 Swinhoe's Storm-petrel

识别要点 体长 180~220 mm。雌雄相似。具管状鼻，但鼻管基部融合成一孔，体羽深褐色，具明显的浅灰色翼斑，尾分叉。虹膜褐色；喙黑色；脚黑色。

生活习性 主要在海面生活，繁殖季节栖息于部分岛屿。飞行似燕鸥，常在海面跳跃和俯冲，从不拍打水面，有时跟随船只。主要以水生动物为食。

分布范围 省内见于大连，夏候鸟。国内见于河北至广东和台湾等海域。国外主要繁殖于日本、朝鲜等地，冬季向西迁徙至北印度洋。

暴风鹱 *Fulmarus glacialis*

英文名 Northern Fulmar

识别要点 体长 430~520 mm。雌雄相似。喙端部具钩，鼻管于喙部上方开两孔。羽色多变，有深色和浅色两个色型。深色型体羽淡褐色，背和两翼羽色更暗；浅色型头、颈、胸和下体白色，背、翼和尾灰色。虹膜黑褐色；喙黄色，基部蓝色；脚粉红色。

生活习性 除繁殖期，其他时候均于海上飞行。集群活动，喜跟随航行的船舶。主要以鱼类和软体动物为食。

分布范围 迁徙季节省内仅见于大连，迷鸟。国内主要分布于辽宁。国外主要分布于太平洋和大西洋北部。

孙晓明/摄

孙晓明/摄

白额鹱 *Calonectris leucomelas*

英文名 Streaked Shearwater

识别要点 体长 450~520 mm。雌雄相似。上体深褐色，头、前颈和下体白色；尾楔形。虹膜褐色；喙角质色；脚带粉色。

生活习性 除繁殖期，其他时候均于海上飞行。常集群活动，靠近水面飞行，善游泳和潜水。主要以鱼类和软体动物为食。

分布范围 迁徙季节省内主要分布于大连等沿海地区，夏候鸟。国内主要分布于辽宁至广东沿海，包括海南和台湾。国外主要分布于太平洋西岸和东南亚岛屿。

红脸鸬鹚 *Phalacrocorax urile*

英文名 Red-faced Cormorant

识别要点 体长 710~760 mm。雌雄相似。整体亮黑色。脸部红色，体羽具紫色及绿色光泽。繁殖羽头部具两束明显的羽冠，腿部具白斑。与相似种海鸬鹚的区别在于其脸部红色更大，延伸至额部；海鸬鹚羽冠较小，稀疏而不明显。虹膜蓝色；喙黄色；脚灰色。

生活习性 主要栖息于海洋中的岛屿或沿海海岸的礁石上。常集群活动停栖于海中礁石或峭壁上；活动时常贴海面飞行。潜水觅食，主要以鱼类为食。

分布范围 迁徙季节省内主要分布于大连，旅鸟。国内主要分布于辽宁和台湾。国外主要分布于太平洋北部海域。

张凤江/摄

张凤江/摄

张凤江/摄

普通鸬鹚 *Phalacrocorax carbo*

英文名 Great Cormorant

识别要点 体长 770~940 mm。雌雄相似。整体亮黑色。两颊及喉部白色；下喙基部裸露部分黄色。繁殖羽头及颈部布满白色丝状羽，两胁具白色斑块。虹膜绿色；喙黑色；脚黑色。

生活习性 主要栖息于大型湖泊、河流等生境。常集群活动，善潜水。主要以鱼类为食。集群营巢于水边树上或崖壁上。

分布范围 迁徙季节省内广泛分布，多为夏候鸟或旅鸟，部分地区为留鸟。国内各省份均有分布，长江以北地区多为夏候鸟或旅鸟。国外主要分布于除南极洲和南美洲外的所有大陆。

张凤江/摄

张凤江/摄

绿背鸬鹚 *Phalacrocorax capillatus*

Japanese Cormorant

识别要点 原名暗绿背鸬鹚。体长810~920 mm。雌雄相似。外形似普通鸬鹚。繁殖羽背部和两翼泛蓝绿色光泽，头侧具稀疏的白色丝状羽，脸部白色更大，腿部也有白斑。非繁殖羽整体呈黑褐色，颏及喉部白色。虹膜蓝色；喙黄色；脚黑色。

生活习性 主要栖息于海岛的礁石上及附近海面。常集群活动，有时与海鸬鹚混群。主要以鱼类为食。

分布范围 省内主要分布于大连等沿海地区，多为夏候鸟或旅鸟，部分地区为留鸟。国内主要分布于东北至东南沿海及台湾等地。国外主要繁殖于西伯利亚至阿拉斯加州。

夜鹭 *Nycticorax nycticorax*

英文名 Black-crowned Night-heron

识别要点 体长580~650mm。雌雄相似。体型较为壮实。整体黑白色。雌鸟体型略小于雄鸟。顶冠及后颈黑色，具金属光泽；枕部具2条白色辫状羽；上体青灰色；下体白色。幼鸟整体呈褐色，具黑褐色纵纹和白色点斑。虹膜亚成鸟黄色，成鸟鲜红；喙黑色；脚污黄色。

生活习性 主要栖息于低山或平原的江河、湖泊等有水生境。喜群居，有白天休息、黄昏取食的习性。主要以鱼、虾、蛙类及水生昆虫等为食。多集群营巢于树上。

分布范围 迁徙季节省内广泛分布，夏候鸟。国内各省份均有分布。国外主要分布于欧亚大陆、非洲和美洲各地。

孙晓明/摄

绿鹭 *Butorides striata*

英文名 Green-backed Heron

识别要点 体长 350~480 mm。雌雄相似。整体呈灰绿色。顶冠至枕部黑色，有绿色光泽；头后有延长的黑色冠羽；一道黑色线从喙基部过眼下及脸颊延至枕后；两翼及尾灰绿色。虹膜黄色；喙黑色；脚黄绿色。

生活习性 主要栖息于植被良好的淡水湿地。多单独活动，夜行性，晨昏觅食。主要以鱼类为食，也食蛙、蟹、虾及水生昆虫等。多营巢于树上。

分布范围 迁徙季节省内广泛分布，夏候鸟。国内除西部地区外各省份均有分布。国外主要分布于东亚、南亚、非洲及美洲等大部分地区。

孙晓明/摄

孙晓明/摄

池鹭 *Ardeola bacchus*

英文名 Chinese Pond Heron

识别要点 体长 400~500 mm。雌雄相似。繁殖羽头颈部栗色，颏、喉白色，胸部黑紫色；背蓝黑色，具较细的丝状羽；两翼、尾及下体白色。非繁殖羽无丝状羽，头颈部具深色纵纹。虹膜褐色；喙黄色，端黑；脚黄色。

生活习性 主要栖息于河流、湖泊、水库和稻田等湿地生境。单独或集小群活动。主要以鱼虾、蛙和水生昆虫等为食。树上营巢。

分布范围 迁徙季节省内广泛分布，夏候鸟或旅鸟。国内除黑龙江外各省份均有分布。国外主要分布于孟加拉国至东南亚地区。

孙晓明/摄

牛背鹭 *Bubulcus ibis*

英文名 Cattle Egret

识别要点 体长 450~550 mm。雌雄相似。整体白色。繁殖羽头、颈、胸及背上饰羽橙黄色，其余白色。非繁殖羽全身白色；与相似种白鹭的区别在于其体型较为粗壮，颈较短而头圆，喙较短厚，爪不为黄色。虹膜黄色；喙黄色；脚暗黄色或近黑色。

生活习性 主要栖息于靠近湿地的草丛和农田等生境。集小群活动，也和其他鹭类混群；常追随牛活动，有时也站在牛背上。主要以昆虫为食。多集群营巢于树上。

分布范围 迁徙季节省内广泛分布，夏候鸟。国内主要分布于长江以南各地，西至四川康定、西藏南部，夏季繁殖区扩展到华北、东北、西北地区。国外主要分布于南极洲外的各大陆。

苍鹭 *Ardea cinerea*

英文名 Grey Heron

识别要点 体长 800~1100 mm。雌雄相似。成鸟体羽灰、白和黑三色。头、颈、胸和背部白色，胸部白色蓑羽明显；具黑色贯眼纹和羽冠，颈前具两条黑色纵纹，两翼飞羽和初级覆羽近黑色，余部灰色。虹膜黄色；喙黄色；脚偏黑。

生活习性 主要栖息于河流、湖泊、水塘、鱼塘和近海水域等有水的生境。常单独或集群活动。因其常站立于浅水处，等待捕捉靠近的鱼、虾，因此俗称"老等"。多营巢于树上。

分布范围 迁徙季节省内广泛分布，多为夏候鸟。国内各省份均有分布。国外主要分布于欧洲、非洲、东南亚。

孙晓明/摄

孙晓明/摄

草鹭 *Ardea purpurea*

英文名 Purple Heron

识别要点 体长 800~1100 mm。雌雄相似。成鸟体羽多灰色和栗色。顶冠黑色，枕部具两条饰羽；头、颈多棕色，颈侧具黑色纵纹；背部、尾上覆羽灰褐色；飞羽黑色，其余体羽红褐色。虹膜黄色；喙褐色；脚红褐色。

生活习性 主要栖息于苇塘、水田、湖泊和河流等有水的生境。性胆怯，善隐藏，常单独活动于芦苇丛或草丛中。食性及取食方式似苍鹭。集群繁殖，多营巢于芦苇丛或附近的树上。

分布范围 迁徙季节省内广泛分布，多为夏候鸟，部分地区有越冬记录。国内除新疆、西藏外各省份均有分布，但数量较其他鹭类少。国外主要分布于欧洲、东南亚和非洲。

大白鹭 *Ardea alba*

英文名 Purple Heron

识别要点 体长 900~100 mm。雌雄相似。成鸟通体白色；体型明显大于其他白色鹭类，嘴裂达眼后。繁殖期前颈、胸部和背部具白色丝状饰羽，眼先裸露皮肤蓝绿色，喙黑色，上腿皮红色，下腿及脚黑色。非繁殖期无饰羽，眼先裸露皮肤和喙均为黄色，喙端常深色，腿和脚黑色。

生活习性 主要栖息于开阔的河流、鱼塘、水田和芦苇沼泽等有水的生境。常单独或集小群活动。主要以鱼类为食。多营巢于高大树上或芦苇丛中。

分布范围 迁徙季节省内广泛分布，夏候鸟。国内繁殖于东北、华北北部和新疆等地，越冬于华南地区。世界性广泛分布。

孙晓明/摄

孙晓明/摄

孙晓明/摄

白鹭 *Egretta garzetta*

英文名 Little Egret

识别要点 体长 540~680 mm。雌雄相似。成鸟通体白色；喙黑色。繁殖期枕部具两条辫状羽，背部和胸部具白色丝状饰羽，眼先裸露部分淡粉色。非繁殖期眼先裸露部分黄绿色。与中白鹭的区别在于其体型略小；喙全黑（中白鹭繁殖期喙也见全黑）；脚黑色，趾黄色（中白鹭全黑）。虹膜黄色。

生活习性 主要栖息于池塘、河流、湖泊、沿海等水域的浅水中。常集群活动，多与其他水鸟混群。主要以鱼、虾等水生动物为食。集群营巢于树上。

分布范围 迁徙季节省内广泛分布，夏候鸟。国内主要分布于东北、华北至南方各地。国外主要分布于欧亚大陆、非洲和大洋洲。

戴胜 *Upupa epops*

英文名 Eurasian Hoopoe

识别要点 体长 250~310 mm。雌雄相似。色彩鲜明，较易辨认。通体由棕、黑、白三色组成，喙细长而下弯。头顶具长的棕色冠羽，尖端黑；头、颈、胸、上背及下体淡棕色，两翅及尾具黑白相间的条纹。虹膜褐色；喙黑色；脚黑色。

生活习性 见于多种生境。单独或集小群活动，受惊时会展开羽冠，呈破浪状飞行。在地面觅食蠕虫、蚯蚓等食物。营巢于树洞、岩石缝和建筑物的缝隙中。

分布范围 迁徙季节省内广泛分布，夏候鸟。国内各省份均有分布。国外主要分布于欧亚大陆、非洲等。

孙晓明/摄

孙晓明/摄

孙晓明/摄

孙晓明/摄

三宝鸟 *Eurystomus orientalis*

英文名 Oriental Dollarbird

识别要点 体长260~320mm。雌雄相似。体型似乌鸦。羽色艳丽。整体呈暗蓝灰色，具宽阔的红色喙，喙粗壮而尖利。头黑色，喉部蓝紫色；两翼初级飞羽黑褐色，基部具一道宽阔的亮蓝色横斑，飞行时尤为明显。虹膜褐色；喙红色（亚成体黑色）；脚橘黄色。

生活习性 主要栖息于林缘较开阔地带，常见于在树顶端站立。单独或成对活动。主要以昆虫等为食。多营巢于树洞中。

分布范围 迁徙季节省内广泛分布，夏候鸟。国内除新疆、西藏、青海外各省份均有分布。国外主要分布于东亚、东南亚及澳大利亚。

赤翡翠 *Halcyon coromanda*

英文名 Eurasian Hoopoe

识别要点 体长 250~270 mm。雌雄相似。体色艳丽，头部大。整体呈绛紫色和棕色。上体为鲜亮的棕紫色，与浅蓝色腰部形成鲜明的对比；下体棕色。跗趾和尾短。虹膜褐色；喙长而粗壮，橙红色或红色；脚橙红色或红色。

生活习性 主要栖息于近水域的森林。常单独或成对活动。主要以鱼类、昆虫和蛙等为食。多于地面或河岸打洞营巢。

分布范围 迁徙季节省内主要分布于丹东等地，但较罕见，夏候鸟。国内主要分布于我国东部和西南地区。国外主要分布于东亚和东南亚。

张凤江/摄

蓝翡翠 *Halcyon pileata*

英文名 Black-capped Kingfisher

识别要点 体长260~310 mm。雌雄相似。头部黑色，颈部具白色领圈；翼上覆羽黑色，上体背部至尾羽亮蓝色；两胁及臀沾棕色。飞行时白色翼斑显见。虹膜深褐色；喙红色；脚红色。

生活习性 主要栖息于河流、湖泊和鱼塘等的树枝或岩石上。常单独或成对活动。主要以鱼类为食，也食虾、蟹和各种昆虫。

分布范围 迁徙季节省内广泛分布，夏候鸟。国内除新疆外各省份均有分布。国外主要分布于东南亚。

孙晓明/摄

孙晓明/摄

孙晓明/摄

普通翠鸟 *Alcedo atthis*

英文名 Common Kingfisher

识别要点 体长150~170mm。雌雄相似。整体呈亮蓝色和棕色。上体金属浅蓝绿色，耳羽棕色，颈侧具白色点斑；下体橙棕色，颏白。雌鸟似雄鸟，但下喙橘黄色。虹膜褐色；喙黑色，雌鸟下喙橘黄色；脚红色。

生活习性 主要栖息于河流、湖泊、水库和农田等有水的生境。常单独活动。主要以鱼、虾等为食，常从水边树枝或岩石上快速俯冲至水中捕食。多于水边土坡上凿洞营巢。

分布范围 迁徙季节省内广泛分布，夏候鸟。国内各省份均有分布。国外主要分布于欧亚大陆和东南亚。

冠鱼狗 *Megaceryle lugubris*

英文名 Crested Kingfisher

识别要点 体长 370~420 mm。雌雄相似。整体呈黑白色。头顶具发达的黑白相间的冠羽；颊部至颈侧白色，髭纹黑色；上体青黑并多具白色横斑和点斑；下体白色，胸部具一条黑色的斑纹；两胁具皮黄色横斑。虹膜褐色；喙黑色；脚黑色。

生活习性 主要栖息于多砾石的河流附近。常站在水边大块岩石上，伺机捕食水中的鱼、虾等，飞行速度慢但有力且不盘飞。多营巢于河流、小溪的堤岸上。

分布范围 省内广泛分布，夏候鸟或留鸟。国内主要分布于东北南部、华北、华中、华东、华南和西南地区。国外主要分布于东亚及中南半岛等。

孙晓明/摄

孙晓明/摄

孙晓明/摄

蚁䴕 *Jynx torquilla*

英文名 Wryneck

识别要点 体长 160~190 mm。雌雄相似。整体呈灰褐色。周身体羽颜色斑驳而杂乱；头顶具黑色顶冠纹，向后延伸至背部；脸侧具深色贯眼纹；下体灰白色，密布细小横斑；喙相对较短，呈圆锥形；就啄木鸟而言，其尾较长，具不明显的横斑。虹膜淡褐色；喙角质色；脚褐色。

生活习性 主要栖息于农田、灌丛、丘陵和林缘等生境。常单独活动。不同于其他啄木鸟，栖息于树枝，多在地面取食蚂蚁。营巢于树洞中。

分布范围 迁徙季节省内广泛分布，夏候鸟。国内各省份均有分布。国外主要分布于欧洲、非洲、南亚、东南亚等。

棕腹啄木鸟 *Dendrocopos hyperythrus*

英文名 Rufous-bellied Woodpecker

识别要点 体长 190~230 mm。雌雄相似。体羽色彩较为鲜艳。脸颊白色，头侧余下部分及下体棕褐色；背部、两翼和尾部黑色并具成排的白点；臀部红色。雄鸟顶冠和枕部红色。雌鸟顶冠黑色并具白色斑点。虹膜褐色；喙灰色而端黑；脚灰色。

生活习性 主要栖息于针叶林或混交林。性隐怯，迁徙时常单独飞行。繁殖在黑龙江中海拔地带，经我国东部至华南地区越冬。

分布范围 迁徙季节省内广泛分布，但较罕见；夏候鸟或旅鸟。国内除西北部地区外各省份均有分布。国外主要分布于东南亚、西伯利亚东北部等。

孙晓明/摄

孙晓明/摄

小星头啄木鸟 *Dendrocpos kizuki*

英文名 Japanese Spotted Woodpecker

识别要点 体长 140~180 mm。雌雄相似。整体黑白色。前额至头顶淡灰褐色；眉纹白色，向后延伸至后颈，并与耳后白斑相连；两颊及耳羽褐色而具白色颊线；上体黑色，具数行白色点斑，外侧尾羽白色；下体皮黄色，具黑色条纹。与星头啄木鸟的区别在于其体色偏棕色，头部白色较少。虹膜褐色；喙灰色；脚灰色。

生活习性 主要栖息于各种林地及园林等生境。常单独或成对活动。主要以树木中的昆虫为食。多营巢于杨树、水曲柳等心材腐朽的阔叶树上。

分布范围 省内广泛分布，不常见，夏候鸟或留鸟。国内主要分布于黑龙江、吉林、辽宁、内蒙古、河北、山东和新疆等地。国外主要分布于西伯利亚东南部。

星头啄木鸟 *Dendrocpos canicapillus*

英文名 Grey-capped Woodpecker

识别要点 体长 140~170 mm。雌雄相似。整体黑白色。前额至头顶灰色，脸白色，宽阔的白色眉纹延伸至枕部，耳羽淡棕色；上体黑色，具白色斑块；下体棕黄色，具黑色条纹；中央尾羽黑色，外侧白色或灰色，具黑色横斑。雄鸟眼后上方具红色斑点。虹膜淡褐色；喙灰色；脚灰黑色。

生活习性 主要栖息于各种林地生境。常成对活动。主要以天牛、蚂蚁、蝽象、金花虫、甲虫以及其他鞘翅目和鳞翅目昆虫为食，偶尔也食植物果实和种子。树上营巢。

分布范围 省内广泛分布，夏候鸟或留鸟。国内除新疆、青海、西藏外各省份均有分布。国外主要分布于东南亚、东北亚。

孙晓明/摄

孙晓明/摄

小斑啄木鸟 *Dendrocpos minor*

英文名 Lesser Spotted Woodpecker

识别要点 体长 140~160 mm。雌雄相似。整体黑白色。上体黑色，具数行白斑；下体近白色，两侧具黑色纵纹。雄鸟顶冠红色，枕部黑色，前额近白色。雌鸟顶冠黑色。虹膜红褐色；喙黑色；脚灰色。

生活习性 主要栖息于落叶林、混交林、桦树林和果园等生境。常单独活动。食性似其他啄木鸟。多营巢于树心腐朽的阔叶树中，不利用旧巢。

分布范围 省内广泛分布，留鸟。国内繁殖于阿尔泰山及新疆西北部准噶尔盆地北部，在黑龙江北部有越冬记录。国外主要分布于欧亚大陆、北非。

孙晓明/摄

白背啄木鸟 *Dendrocopos leucotos*

英文名 White-backed Woodpecker

识别要点 体长230~280 mm。雌雄相似。整体黑白色。下背部具白色斑。外形与小斑啄木鸟十分相似，区别在于体型略大，喙更长更粗；耳斑较大，向上下延伸；臀部红色而非白色。虹膜褐色；喙黑色；脚灰色。

生活习性 主要栖息于老朽木，不怯生。常单独或成对活动。沿树干上下攀缘觅食，直到食光才会从一棵树飞到另一棵树，有时也觅食地面上的蚂蚁。树上营巢。

分布范围 省内广泛分布，留鸟。国内主要分布于黑龙江、吉林、辽宁、新疆、河北、内蒙古、陕西、四川、江西、福建及台湾等地。国外主要分布于欧洲经俄罗斯中部到东亚。

大斑啄木鸟 *Dendrocopos major*

英文名 Great Spotted Woodpecker

识别要点 体长 200~250 mm。雌雄相似。整体黑白色。雄鸟枕部具狭窄红色带斑（雌鸟无）；两侧肩部各具一块明显白斑；雌雄鸟臀部均为红色。虹膜近红色；喙灰色；脚灰色。

生活习性 栖息于各种林地生境，包括城市绿化区域。单独或成对活动，多在树干和粗枝上觅食，有时也在地面倒木和枝叶间取食，飞翔时两翼一开一闭，呈大波浪式前进。树上营巢。

分布范围 省内广泛分布，夏候鸟或留鸟。国内各省份均有分布。国外主要分布于欧亚大陆。

孙晓明/摄

孙晓明/摄

灰头绿啄木鸟 *Picus canus*

英文名 Grey-faced Woodpecker

识别要点 原名黑枕绿啄木鸟。体长 260~300 mm。雌雄相似。整体呈绿色，下体全灰，颊及喉部亦灰色。雄鸟前顶冠灰红色，枕灰色，眼先及狭窄颊纹黑色，尾亦黑色。雌鸟顶冠灰色而无红斑。虹膜红褐色；喙近灰色；脚蓝灰色。

生活习性 栖息于多种林地生境。啄击树干寻找食物，取食各种昆虫，有时也会到地面取食蚂蚁。树上营巢。

分布范围 省内广泛分布，但不常见，夏候鸟或留鸟。国内各省份均有分布。国外主要分布于欧洲经俄罗斯中部至东亚。

孙晓明/摄

孙晓明/摄

孙晓明/摄

黑枕黄鹂 *Oriolus chinensis*

英文名 Grey-faced Woodpecker

识别要点 原名黄莺。体长 230~270 mm。黑色过眼纹后延至枕部，体羽金黄色，两翅和尾黑色。雌鸟色较淡，背橄榄黄色。虹膜红色；喙粉红色；脚铅蓝色。

生活习性 栖息于低山丘陵和山脚平原地带的次生阔叶林、混交林，成对或以家族为群活动。喜栎树林和杨树林，主要在树冠层活动。

分布范围 迁徙季节省内广泛分布，夏候鸟。国内除西藏、新疆及内蒙古部分地区外各省份均有分布。国外主要分布于南亚、东南亚及东亚地区。

孙晓明/摄

孙晓明/摄

灰山椒鸟 *Pericrocotus divaricatus*

英文名 Ashy Minivet

识别要点 体长约 190 mm。体羽黑、灰及白色；前额、头顶前部、颈侧白色，过眼纹黑色；上体灰色，两翅黑色，翅上具白色翅斑。下体均白色，尾黑色，外侧尾羽先端白色。雄鸟头顶后部至后颈黑色。雌鸟头顶后部和上体均为灰色。

生活习性 栖息于阔叶林、针叶林。在树层中捕食昆虫，在树冠层活动。

分布范围 迁徙季节省内广泛分布，夏候鸟或旅鸟。国内繁殖于东北地区，迁徙时主要分布于东部沿海地区。国外繁殖于西伯利亚东南至韩国和日本，迁徙至东南亚地区过冬。

黑卷尾 *Dicrurus macrocercus*

英文名 Black Drongo

识别要点 体长 270~310 mm。雄性成鸟全身羽毛呈黑色;前额、眼先羽绒黑色。上体自头部、背部至腰部及尾上覆羽,深黑色,其点缀铜绿色的金属闪光;尾羽深黑色,羽表面带有铜绿色光泽;中央一对尾羽最短,向外侧依次顺序增长,最外侧一对最长,其末端向外上方卷曲,尾羽末端呈深叉状;翅黑褐色,飞羽外翈及翅上覆羽具铜绿色金属光泽。下体自颏、喉至尾下覆羽均呈黑褐色,仅在胸部铜绿色金属光泽显著;翅下覆羽及腋羽黑褐色。

生活习性 栖息于开阔原野。繁殖期有非常强的领域行为,性凶猛。擅长空中捕食飞虫。

分布范围 迁徙季节省内广泛分布,夏候鸟。国内主要分布于吉林以南东部各地至西南。国外主要分布于南亚及东南亚。

孙晓明/摄

孙晓明/摄

孙晓明/摄

发冠卷尾 *Dicrurus hottentottus*

英文名 Hair-crested Drongo

识别要点 体长 250~320 mm。通体黑而具蓝绿色金属光泽，前额具细长丝状羽冠，尾长而分叉，外侧羽端钝而向上卷曲。

生活习性 多见于山区、森林开阔处，栖息于低山丘陵和山脚沟谷地带，多在常绿阔叶林及次生林活动。飞行快而有力，主要捕食空中昆虫。

分布范围 迁徙季节省内主要分布于大连、丹东等地，夏候鸟。国内除新疆外各省份均有分布。国外主要分布于南亚及东南亚。

寿带 *Terpsiphone incei*

英文名 Chinese Paradise Flycatcher

识别要点 体长 170~490 mm。整个头蓝黑色，具显著的羽冠。雄鸟两枚中夹尾羽延长；羽色有栗色和白色两型；栗色型上体栗棕色，额、喉、头、颈和羽冠为亮蓝黑色，胸灰色，腹和尾下覆羽白色；白色型头、颈、颏、喉亮蓝黑色，其余白色，中央一对尾羽亦特别延长，尾羽亦为白色和具窄的黑色羽干纹；雌鸟尾不延长。

生活习性 栖息于低山丘陵和山脚平原地带的阔叶林、次生阔叶林、林缘疏林及竹林。

分布范围 迁徙季节省内广泛分布，夏候鸟或旅鸟。国内除内蒙古、青海、新疆、西藏外各省份均有分布。国外主要分布于南亚、东南亚等。

张凤江/摄

张凤江/摄

紫寿带 *Terpsiphone atrocaudata*

英文名 Japanese Paradise Flycatcher

识别要点 体长 170~440 mm。整个头部和胸黑色，具冠羽，尾特长。雄鸟头、颈、羽冠、喉和上胸均为金属亮蓝色，上体深紫栗色、赤暗栗色；背紫，尾暗栗色，下体白色。雌鸟头和胸的颜色过渡自然，对比不强烈，中央尾羽不延长。

生活习性 栖息于山脚平原地带的常绿和落叶阔叶林、次生林和林缘、疏林及竹林。繁殖于低地林，冬季南迁。

分布范围 迁徙季节省内广泛分布，旅鸟。国内主要分布于东部及南部。国外繁殖于日本及朝鲜半岛，越冬于东南亚。

虎纹伯劳 *Lanius tigrinus*

英文名 Tiger Shrike

识别要点 体长 160~190 mm。头顶至后颈灰色。上体、翅栗棕色,具细的黑色波状横纹。下体白色。尾栗棕色。雄鸟额基黑色且与黑色贯眼纹相连。雌鸟两胁缀有黑褐色波状横纹。

生活习性 栖息于低山丘陵和山脚平原地区的森林。常栖于树木顶端。以小动物为食。

分布范围 迁徙季节省内广泛分布,旅鸟。国内主要分布于东北至华南、西南的大部分地区及台湾。国外主要分布于欧洲、东亚、东南亚、南亚。

孙晓明/摄

孙晓明/摄

牛头伯劳 *Lanius bucephalus*

英文名 Bull-headed Shrike

识别要点 体长170~230 mm。雌鸟和雄鸟大致相似。雄鸟过眼纹黑色，眉纹白，背灰褐。雌鸟头侧为栗棕色，飞羽基部无白色，无白色翅斑或白色翅斑不明显，下体横斑细密而多，其余和雄鸟相似。虹膜暗褐色；喙黑色，基部灰褐色，下喙较淡或喙全黑色；脚黑褐色。

生活习性 栖息于林缘、次生林、河谷灌丛及防护林。性活泼，常在林间跳来跳去或飞进飞出。

分布范围 省内广泛分布，留鸟。国内主要繁殖于东北及华北地区，在长江以南及台湾越冬。国外主要分布于欧洲、东亚、东南亚。

孙晓明/摄

红尾伯劳 *Lanius cristatus*

英文名 Brown Shrike

识别要点 体长 180~210 mm。整个上体红褐色。尾上覆羽及尾羽棕色。颏、喉和颊白色。过眼纹及头侧黑色,眉纹和额带均狭,呈白色。

生活习性 栖息于低山丘陵和山脚平原地带的灌丛、疏林和林缘。

分布范围 迁徙季节省内广泛分布,夏候鸟或旅鸟。国内主要分布于东北、华北、华南、东南、西南等地。国外繁殖于东亚,冬季南迁至南亚、东南亚。

孙晓明/摄

灰伯劳 *Lanius excubitor*

英文名 Northern Shrike

识别要点 体长 240~270 mm。喙基及宽阔过眼纹黑色，眉纹细白色。头顶、上体淡灰色，翅黑色，具白色翅斑。下体白色，尾黑色，外侧尾羽白色。

生活习性 栖息于山地次生阔叶林带的开阔地区的灌丛、低矮的杂木林等处。性凶猛。

分布范围 迁徙季节省内广泛分布，冬候鸟或旅鸟。国内主要分布于西北、东北及华北部分地区。国外主要分布于欧亚大陆、北美和非洲。

楔尾伯劳 *Lanius sphenocercus*

英文名 Chinese Grey Shrike

识别要点 体长 250~310 mm。过眼纹黑色、眉纹白色，两翅黑色且具白色横纹，三枚中央尾羽为黑色，羽端具狭窄白色，外侧尾羽白。

生活习性 喜栖息于开阔地，可以停空飞翔。主要以甲虫、小型啮齿类、两栖爬行类为食，还可见其捕食体型较小的鸟。

分布范围 省内广泛分布，留鸟。国内繁殖于黑龙江、吉林、辽宁、内蒙古至甘肃、青海一带，在华北、华中至华南及台湾越冬。国外主要分布于东亚及俄罗斯远东地区。

孙晓明/摄

孙晓明/摄

孙晓明/摄

松鸦 *Garrulus glandarius*

英文名 Eurasian Jay

识别要点 体长 300~360 mm。喙黑色,头顶、头侧、后颈、颈侧、上背和肩羽棕褐色。头顶具黑色纵纹。眼周与颊纹黑色。飞羽黑色具白色斑块。翼上有蓝、黑、白三色相间的横斑,喉灰白,胸和腹淡棕褐色,尾下覆羽灰白。

生活习性 栖息于针叶林、针阔混交林及阔叶林。

分布范围 省内广泛分布,留鸟。国内除青藏高原和新疆西部外各省份均有分布。国外主要分布于欧亚大陆和北非北部。

孙晓明/摄

孙晓明/摄

孙晓明/摄

灰喜鹊 *Cyanopica cyanus*

英文名 Azure-winged Magpie

识别要点 体长 300~400 mm。头顶、头侧和枕部黑色且具蓝光。后颈至尾上覆羽灰褐色。尾灰蓝色,中央一对最长且端部白色。翼灰蓝色。

生活习性 栖息于各种林型,半山区也常见到,喜在河边树上活动。飞行速度不快,姿态轻盈。主食昆虫,也食种子和浆果。营巢于树上。

分布范围 省内广泛分布,留鸟。国内主要分布于东部、中部地区。国外主要分布于东亚大部分地区及伊比利亚半岛。

孙晓明/摄

孙晓明/摄

红嘴蓝鹊 *Urocissa erythroryncha*

英文名 Red-billed Blue Magpie

识别要点 体长 540~650 mm。雌雄相似。额、头侧、颈侧、喉至前胸黑色，头顶至上背羽毛为黑色且具青灰色羽端，背肩和腰紫灰色。尾上覆羽灰白具黑横斑，尾羽青灰色，羽端白；胸后部、腹和尾下覆羽灰白色。

生活习性 主要栖息于山林，也进入附近的农田。飞行呈波状，在较高的树上营巢。

分布范围 省内广泛分布，留鸟。国内除新疆、西藏、青海、台湾之外各省份均有分布。国外主要分布于印度东北部、中南半岛。

星鸦 *Nucifraga caryocatactes*

英文名 Spotted Nutcracker

识别要点 体长 290~360 mm。额、头顶、枕和尾上覆羽黑褐色,头颈具白色斑点;翼和尾黑褐色且具蓝色光泽;尾羽端部具白斑。尾下腹羽为白色。

生活习性 营巢于针叶树上,喜在云杉上营巢,巢较隐蔽。

分布范围 省内广泛分布,留鸟。国内主要分布于东北、华中和西南地区及台湾等。国外主要分布于欧亚大陆。

孙晓明/摄

孙晓明/摄

孙晓明/摄

红嘴山鸦 *Pyrrhocorax pyrrhocorax*

英文名 Red-billed Chough

识别要点 体长 360~489 mm。通体黑色且具蓝色光泽，翼和尾光泽偏绿，喙和脚红色。幼鸟羽色偏褐色。属山地鸟类。

生活习性 主要栖息于次生林、裸露的石山、平地和农田活动。营巢于崖岩凹进处或石缝中。

分布范围 省内广泛分布，留鸟。国内主要分布于西部、华中至华北，以及东北部分地区。国外主要分布于中亚、西亚、欧洲、北非等。

达乌里寒鸦 *Corvus dauuricus*

英文名 Daurian Jackdaw

识别要点 体长 300~350 mm。全身羽毛以黑色为主,颈部白色斑纹延至胸腹下方。

生活习性 栖息于山地、丘陵、平原、农田及旷野。常在草食动物间觅食。集群活动。活动及营巢场所广泛。

分布范围 迁徙季节省内广泛分布,冬候鸟。国内除青藏高原和新疆西部外各省份均有分布。国外主要分布于俄罗斯东部。

孙晓明/摄

孙晓明/摄

孙晓明/摄

孙晓明/摄

白颈鸦 *Corvus pectoralis*

英文名 Collared Crow

识别要点 体长 440~540 mm。体被具光泽的黑色羽毛，后颈、颈侧和胸部为白色，具有白色领环，喙粗厚，颈背胸带白色。

生活习性 活动于平原、耕地、河滩、城镇及村庄。

分布范围 省内少见，留鸟。国内主要分布于华北至南方地区，多为区域性常见留鸟，部分为候鸟。国外主要分布于东亚至东南亚北部。

渡鸦 *Corvus corax*

英文名 Northern Raven

识别要点 体长 630~700 mm。喙粗厚且有时喙端具钩,喉部具针状羽,顶冠不甚圆拱,展开两翼时"翼指"长而明显,尾楔形。

生活习性 结小群或偶成大群活动。飞行有力,随气流翱翔,有时在空中翻滚。食动物尸体,但有时猎捕。

分布范围 省内少见。国内主要分布于黑龙江、吉林、辽宁、河北、内蒙古、宁夏、甘肃、新疆、青海等地。国外主要分布于北美洲、南亚次大陆北部等。

孙晓明 / 摄

孙晓明 / 摄

煤山雀 *Periparus ater*

英文名 Coal Tit

识别要点 体长 90~120 mm。喙黑色，头具羽冠。头顶、颏、喉及前胸黑色有光泽。颊和后颈中央白色。背蓝灰色，翼上有两道白斑。下体灰白，两胁偏棕色。

生活习性 喜栖于云杉、冷杉林，部分冬季进入开阔地区。营巢于树洞、石缝、墙隙等处。

分布范围 迁徙季节省内广泛分布，冬候鸟。国内主要分布于东北经秦岭至西南，东南部分地区及台湾，以及新疆北部。国外主要分布于欧亚大陆。

孙晓明/摄

孙晓明/摄

黄腹山雀 *Pardaliparus venustulus*

英文名 Yellow-bellied Tit

识别要点 体长 90~110 mm。雄鸟头部至上背、喉和前胸黑色且有光泽，颊白色；背面余部亮蓝灰色，翼暗褐色，上有两道黄色横斑，腹黄色。雌鸟头上至背、腰灰绿色，颊灰白色，下体淡黄绿色。

生活习性 栖息于海拔 500~2000 m 的山地。常结群活动于高大的针叶树和阔叶树上，或穿梭于灌丛间，有时与大山雀混群。

分布范围 迁徙季节省内广泛分布，多为夏候鸟或旅鸟，部分地区有越冬记录。我国特有种，主要分布于甘肃西南部、陕西南部、四川北部和部分中部省份，偶见于河北兴隆及北京西山等地。

孙晓明 / 摄

孙晓明 / 摄

杂色山雀 *Sittiparus varius*

英文名 Varied Tit

识别要点 原名赤腹山雀。体长 120~140 mm。额、头侧至颈侧乳黄色。头顶至后颈、颏、喉黑色，后颈中央有白色纵斑。上背、胸和腹两侧栗红色。胸腹中央至尾下黄褐色。下背、尾及两翼蓝灰色。

生活习性 主要栖息于阔叶林、人工林和针阔叶混交林中。除繁殖期单独或成对活动外，多成小群。

分布范围 省内广泛分布，留鸟。国内主要分布于辽东、吉林、山东、台湾等地。国外主要分布于日本、朝鲜、韩国。

沼泽山雀 *Poecile palustris*

英文名 Marsh Tit

识别要点 体长 100~130 mm。喙黑色，较粗短。头顶至后颈蓝黑色。头两侧白而带有褐色，其余下体白色或苍白色，两胁皮黄色。

生活习性 主要栖息于次生林和灌丛的开阔地，海拔从平原至 4000 m。喜营巢于树洞等地。

分布范围 省内广泛分布，留鸟。国内主要分布于新疆北部及东北至西南地域。国外主要分布于欧洲、西伯利亚、东南亚。

孙晓明/摄

孙晓明/摄

孙晓明/摄

褐头山雀 *Poecile montanus*

英文名 Willow Tit

识别要点 体长 110~130 mm。腰、翼和尾暗灰棕色，从额至枕暗棕黑色，喉部黑色斑块大，下体锈灰棕色，胁部色深，初级飞羽深灰色，次级飞羽较淡且先端白色。

生活习性 主要栖息于针叶林或针阔混交林。以昆虫及其幼虫为食。多集群活动，营巢于树洞。

分布范围 省内广泛分布，留鸟。国内主要分布于内蒙古、北京、河北、河南、山西、陕西、宁夏、甘肃、青海、西藏、四川、云南等地。国外主要分布于欧亚大陆北部。

大山雀 *Parus cinereus*

英文名 Japanese Tit

识别要点 体长 120~145 mm。头、颏、喉至胸、腹中央至尾下覆羽为黑色并具蓝光，下体两侧白色。两颊白色，背至腰由黄绿色转为浅灰色，翼上有白横斑。

生活习性 栖息于低山和山麓地带的次生阔叶林、阔叶林和针阔混交林、针叶林等。

分布范围 省内广泛分布，留鸟。国内各省份均有分布。国外主要广布于欧亚大陆、非洲。

孙晓明/摄

孙晓明/摄

中华攀雀 *Remiz consobrinus*

英文名 Chinese Penduline Tit

识别要点 原名攀雀。体长 100~115 mm。雄鸟顶冠灰色，繁殖羽头顶至后颈灰色，前额、眼先、眼周及耳羽下部黑色形成前后粗细相似的贯眼纹，喉部及下体淡皮黄色。上背栗褐色，下背褐色。上下缘还有一圈白色。尾部略分叉。雌鸟及幼鸟色暗，头顶和眼纹为褐色。

生活习性 栖息于邻近湖泊、河流等水域附近的森林和灌丛中。

分布范围 迁徙季节省内广泛分布，夏候鸟或旅鸟。国内主要分布于东北至华北北部地区。国外主要分布于俄罗斯的极东部，越冬于日本、朝鲜。

孙晓明/摄

孙晓明/摄

孙晓明/摄

短趾百灵 *Alaudala cheleensis*

英文名 Asian Short-toed Lark

识别要点 原名小沙百灵。体长 130~160 mm。无羽冠，喙较短粗，胸部纵纹延至体侧，上体沙棕色，布满纵纹且尾部具白色宽边。眼先眉纹和眼周具白色或黄白色；虹膜深褐色；喙角质灰色；跗趾肉棕色。

生活习性 栖息于干旱荒漠、平原及河滩。

分布范围 迁徙季节省内主要分布于锦州、阜新、朝阳等地，夏候鸟。国内除秦岭—淮河线以南外各省份均有分布。国外主要分布于非洲、中亚、西亚及蒙古国等地。

孙晓明/摄

孙晓明/摄

凤头百灵 *Galerida cristata*

英文名 Crested Lark

识别要点 体长 160~190 mm。眼先、颊、眉纹淡棕白或浅沙棕色。头具有黑色纵纹的羽冠。上体沙棕褐色，具黑褐色羽干纹；下体皮黄白色，胸具黑褐色纵纹。虹膜深褐色；喙淡黄色，喙峰颜色较深。

生活习性 栖息于干旱平原、旷野、半荒漠、荒漠边缘地带及农耕地带。

分布范围 省内广泛分布，留鸟。国内主要分布于新疆北部至辽宁的广大地区以及西藏南部、四川北部等地。国外主要分布于欧亚大陆和非洲。

角百灵 *Eremophila alpestris*

英文名 Horned Lark

识别要点 体长 150~190 mm。眼先、颊、耳羽和喙基黑色。眉纹淡白色与额白色相连。下体白色，具黑色胸带。前额白色，具有黑色长羽伸出头顶外，形似角。虹膜褐色；喙灰色或深灰色；跗趾深褐色至黑色。

生活习性 栖息于干旱草原地区，喜成群活动。以植物性食物为主，也捕食昆虫。

分布范围 迁徙季节省内主要分布于锦州、朝阳等地，冬候鸟或旅鸟。国内主要分布于西部地区。国外主要分布于欧亚大陆北部、北美洲、非洲北部。

孙晓明/摄

孙晓明/摄

孙晓明/摄

孙晓明/摄

文须雀 *Panurus biarmicus*

英文名 Bearded Reedling

识别要点 体长 145~165 mm。雄鸟头颈大部分为灰色，眼下具有明显的黑色锥形髭纹，喉部白色。背部棕色，飞羽及翼上覆羽黑色，胸部至腹部灰白色，而两胁至尾下覆羽棕色。尾羽亦棕色，最外侧尾羽白色。雌鸟与雄鸟相似，头灰色，无黑色锥形髭纹。

生活习性 栖息于湖泊及河流沿岸芦苇沼泽中。取食昆虫、蜘蛛及芦苇种子等。

分布范围 迁徙季节省内广泛分布，夏候鸟。国内主要分布于北部地区，冬季可进行短距离南迁。国外主要分布于欧亚大陆。

东方大苇莺 *Acrocephalus orientalis*

英文名 Oriental Reed Warbler

识别要点 体长165~190 mm。雌雄相似。上体橄榄褐色，下体乳黄色。眉纹皮黄色。后部和上胸有纵纹，飞羽暗褐色，具棕色羽缘，尾端的浅色羽缘显著。虹膜褐色；喙深灰色，下喙基部粉色或黄色；跗趾灰褐色。

生活习性 栖息于低山丘陵和平原的湖泊、河流、水塘等水边的灌丛或芦苇丛中。取食昆虫及草籽。

分布范围 迁徙季节省内广泛分布，夏候鸟。国内除青藏高原和新疆西部外各省份均有分布。国外主要繁殖于东亚及东北亚，越冬于东南亚至大洋洲。

孙晓明/摄

孙晓明/摄

孙晓明/摄

黑眉苇莺 *Acrocephalus bistrigiceps*

英文名 Black-browed Reed Warbler

识别要点 体长110~130 mm。雌雄相似。上体橄榄棕色，眉纹为较为醒目的白色或皮黄色，其上有一道黑纹。贯眼纹暗褐色。下体为白色，两胁和尾下覆羽渐变为皮黄色。虹膜深褐色；上喙基部粉色，喙端深色；跗趾淡褐色或灰褐色。

生活习性 主要栖息于低山丘陵、平原湖泊、河流、水塘等湿地灌丛或芦苇丛中。

分布范围 迁徙季节省内广泛分布，夏候鸟。国内主要分布于东部及中部地区。国外主要分布于东北亚至东南亚。

远东苇莺 *Acrocephalus tangorum*

英文名 Manchurian Reed Warbler

识别要点 体长 120~140 mm。具有深色贯眼纹、白色宽眉纹和大而长的喙。上体橄榄褐色或棕褐色，无深色纵纹。颏部、喉部及腹部白色，胸部、两胁一般为淡棕黄色。虹膜褐色；上喙深灰色，下喙粉色；跗趾淡褐色。

生活习性 主要栖息于湖泊、水库、池塘、水渠等各种水域岸边灌丛、芦苇丛和草丛中，以及芦苇沼泽、柳灌丛和草地，有时也见于水稻田边草丛和草甸灌丛中。

分布范围 迁徙季节省内广泛分布，夏候鸟。国内主要分布于东北和东部沿海等地。国外主要繁殖于东北亚，越冬于东南亚。

张宪帮 / 摄

孙晓明/摄

厚嘴苇莺 *Arundinax aedon*

英文名 Thick-billed Warbler

识别要点 体长 180~200 mm。雌雄相似。体羽橄榄褐色或深棕色，头及冠羽浅灰色，无眉纹，喙粗短，喙宽阔，基部宽度超过 4 mm。尾羽 12 枚，尾羽凸状甚著。上体羽橄榄棕褐色，下体羽近白色，微沾淡棕色。

生活习性 主要栖息于低山丘陵和山脚平原地带，喜在河谷两岸的小片丛林、灌丛和草丛中活动。

分布范围 迁徙季节省内广泛分布，夏候鸟。国内主要分布于除西部之外的广大地区。国外主要分布于亚洲东部。

斑胸短翅蝗莺 *Locustella thoracica*

英文名 Spotted Bush Warbler

识别要点 原名斑胸短翅莺。体长 110~130 mm。雌雄相似。两翼短而宽，白色眉纹不明显。上体褐色，顶冠沾棕色，下体偏白色，喉部具黑色斑点。胸带灰色，尾下覆羽褐色且端部呈白色，形成白色鳞状斑。虹膜深褐色；喙黑色；跗趾粉色或淡褐色。

生活习性 繁殖于林线以上至海拔 4300 m 的刺柏和杜鹃灌丛，冬季下至山麓和平原。性较隐蔽。

分布范围 迁徙季节省内广泛分布，夏候鸟。国内主要分布于东北、华北、中部、西南和华南地区。国外主要分布于东亚及东南亚等。

王小平/摄

中华短翅蝗莺 *Locustella tacsanowskia*

英文名 Chinese Bush Warbler

识别要点 原名中华短翅莺。体长 120~140 mm。雌雄相似。下体和眉纹色浅，眼先白色，尾较长，呈楔形。喉部和上胸有时具褐色斑点，胸侧和两胁黄褐色。下体见白色或黄色。虹膜深褐色；上喙深灰色，下喙粉色；跗趾黄色或粉色。

生活习性 夏季栖息于落叶松林窗间的茂密灌丛，冬季栖于草地和芦苇地。

分布范围 迁徙季节省内广泛分布，夏候鸟。国内主要分布于北部至南部地区。国外主要分布于东北亚、东亚至东南亚。

矛斑蝗莺 *Locustella lanceolata*

英文名 Lanceolated Warbler

识别要点 体长 110~130 mm。雌雄相似。体色为橄榄褐色带黑色纵斑,下体白色带有皮黄色,胸部和两胁具黑色纵纹,眉纹皮黄色,尾端无白色。虹膜深褐色;上喙深灰色,下喙粉色;跗趾粉色。

生活习性 喜栖息于潮湿的稻田、沼泽灌丛及近水的休耕地和蕨丛。

分布范围 迁徙季节省内广泛分布,夏候鸟。国内主要分布于东北、华北、华中和西南地区。国外主要分布于西伯利亚、东亚至东南亚。

杜明凯 / 摄

张凤江/摄

北蝗莺 *Locustella ochotensis*

英文名 Middendorff's Grasshopper Warbler

识别要点 体长140~160 mm。雌雄相似。上体橄榄褐色，无纵纹，眉纹白色，两胁皮黄褐色，腹部偏白色。胸侧、两胁及尾下覆羽淡褐色。尾羽具较小的白色端斑。虹膜深褐色；上喙深灰色，下喙基部粉色或黄色，端部深色；跗趾粉色。幼鸟胸部和两胁具纵纹。

生活习性 主要栖息于低山丘陵和山脚平原的河谷两岸、沼泽湿地和芦苇岸边茂密的灌丛和高草丛中。

分布范围 迁徙季节省内广泛分布，旅鸟。国内主要分布于环渤海湾以及东部和南部沿海区域。国外主要分布于东北亚。

小蝗莺 *Locustella certhiola*

英文名 Pallas's Grasshopper Warbler

识别要点 体长 140~160 mm。雌雄相似。上体以棕褐色为主，具比较清晰的白色眉纹，头顶密布黑色纵纹，背部及腰具明显的黑色纵纹。贯眼纹皮黄色，两翼和尾部红褐色至尾端白色、尾部次端偏黑色。胸部和两胁皮黄色。下体乳白色。

生活习性 主要栖息于近水的各种植被，包括林地、灌丛、苇丛、草丛、水田等，越冬于芦苇地、沼泽、稻田、近水的草丛及林缘地带。

分布范围 迁徙季节省内广泛分布，夏候鸟。国内主要分布于北方地区、东部、南部及西南部等地。国外主要分布于西伯利亚、中南半岛及印度尼西亚等。

孙晓明 / 摄

苍眉蝗莺 *Locustella fasciolatus*

英文名 Gray's Grasshopper Warbler

识别要点 体长 160~180 mm。雌雄相似。上体橄榄褐色，具白色或淡皮黄色眉纹，深色贯眼纹和暗灰色脸颊。颏部明显偏灰，喉部具纵纹，胸部和两胁具灰色或棕黄色条带且羽缘偏白色，尾下覆羽皮黄色。下体大致呈灰白色。

生活习性 栖息于低海拔和沿海的林地、灌丛、丘陵草地等。在林下植被中潜行、奔跑和并足跳跃。

分布范围 迁徙季节省内广泛分布，夏候鸟。国内主要分布于东北和东部沿海及台湾等地。国外主要分布于日本、韩国、朝鲜、菲律宾、新几内亚等。

谷国强/摄

谷国强/摄

孙晓明/摄

斑背大尾莺 *Locustella pryeri*

英文名 Marsh Grassbird

识别要点 体长 120~140 mm。雌雄相似。上体棕褐色并布满黑色纵纹，具长而宽的楔形尾和偏白色扩散状眉纹。两翼黄褐色，内侧数枚飞羽黑色，具褐色羽缘。尾羽大致为褐色，羽轴纹黑色，圆形或楔形。下体白色，胸侧、两胁及尾下覆羽有时略带淡黄褐色。

生活习性 栖息于芦苇地。性胆怯，善隐藏。活动于平原地区近水的苇丛、水田、草丛和灌丛等生境。

分布范围 迁徙季节省内广泛分布，夏候鸟。国内主要分布于东北、华北和东部沿海，以及长江中下游部分地区和珠江口。国外主要分布于日本、韩国、俄罗斯、蒙古国。

崖沙燕 *Riparia riparia*

英文名 Sand Martin

识别要点 体长 110~140 mm。背羽褐色或沙灰褐色；胸具灰褐色横带，腹与尾下覆羽白色，尾羽不具白斑。成鸟上体暗灰褐色，额、腰及尾上覆羽略淡；眼先黑褐色；耳羽灰褐色；至颈侧灰白色；灰褐色胸带完整；两翅内侧飞羽和覆羽与背同色，外侧飞羽和覆羽黑褐色；腋羽灰褐色；尾羽黑褐沾棕。两性同型。虹膜深褐色；喙黑褐色；趾灰褐色，爪褐色。

生活习性 喜栖息于湖泊、泡沼和江河的泥质沙滩或附近的土崖上，主要栖息于沟壑陡壁及山地岩石带。

分布范围 迁徙季节省内广泛分布，夏候鸟或旅鸟。国内除西南地区外各省份均有分布。国外主要分布于欧亚大陆、非洲及美洲大陆。

孙晓明 / 摄

张凤江/摄

岩燕 *Ptyonoprogne rupestris*

英文名 Eurasian Crag Martin

识别要点 体长 130~160 mm。雌雄相似。头顶、头侧、上体及翼上覆羽呈灰褐色。颏、喉、胸近白色，部分个体喉部具黑褐色细纵纹。体羽暗褐色，胸腹部棕灰色。喙短而宽扁，基部宽大。翅狭长而尖，尾短，呈极浅的凹形，尾羽近端处有白色斑点。虹膜深褐色；喙黑色；跗趾粉色或褐色。

生活习性 栖息于悬崖、峡谷和山峰等处，主要生境为海拔 1000~5000 m 的山地，其中以近水源的陡峭悬崖附近较为常见。以昆虫为食。

分布范围 迁徙季节省内广泛分布，夏候鸟。国内主要分布于整个西部地区及华北、东北南部地区。国外主要分布于非洲、南欧、西亚、中亚及南亚。

毛脚燕 *Delichon urbicum*

英文名 Common House Martin

识别要点 体长110~120 mm。上体头部、枕部、颈侧、背部、翼羽及尾部为黑色且带有深蓝色光泽，喉、胸、腹部到尾下覆羽皆为灰白色，腰部为白色，尾羽分叉不深。停栖时翅膀比尾羽略长一点，飞行时白色胸腹羽极为明显，尾羽常张开呈三角形。

生活习性 群居，营巢于悬崖。与其他燕类混群觅食。

分布范围 迁徙季节省内广泛分布，夏候鸟或旅鸟。国内主要分布于东北、华北、华东、华中地区。国外主要分布于欧亚大陆及亚洲。

孙晓明 / 摄

孙晓明/摄

孙晓明/摄

烟腹毛脚燕 *Delichon dasypus*

英文名 Asian House Martin

识别要点 体长 110~130 mm。上体钢青色,眼先黑色,头顶至背部为蓝黑色,具深蓝色金属光泽。腰白色,具黑色羽干纹。两翼黑色或深褐色,翼下覆羽黑色。颏、喉及颈侧白色。胸、腹部为淡烟灰色,尾下覆羽白色,具灰色鳞状斑。尾羽黑色,呈浅叉形。虹膜深褐色;喙黑色;跗趾肉色,跗趾至趾被白色绒羽。

生活习性 与其他燕类或金丝燕混群,善于高空翱翔,喜单独或集小群活动。

分布范围 迁徙季节省内广泛分布,夏候鸟。国内除西北和东北西部外各省份均有分布。国外主要分布于东亚、东南亚及南亚。

孙晓明/摄

白头鹎 *Pycnonotus sinensis*

英文名 Light-vented Bulbul

识别要点 体长 170~220 mm。雌雄同色。额至头顶纯黑色且富有光泽,两眼上方至后枕白色,形成一白色枕环。耳羽后部有一白斑,此白环与白斑在黑色的头部均极为醒目,背和腰羽大部为灰绿色,翼和尾部稍带黄绿色,颏、喉部白色,胸灰褐色,形成不明显的宽阔胸带,腹部白色或灰白色。

生活习性 栖息于常绿阔叶林、针阔混交林、农耕区及城市公园中,以果树的浆果和种子为主食,偶尔啄食昆虫。

分布范围 省内广泛分布,留鸟。国内主要分布于西至横断山脉、北至环渤海地区的广泛区域,以及海南和台湾。国外主要分布于东亚及东南亚北部地区。

栗耳短脚鹎 *Hypsipetes amaurotis*

英文名 Brown-eared Bulbul

识别要点 体长 270~290 mm。雌雄相似。冠羽略尖，耳覆羽及颈侧栗色，顶冠及颈背灰色，两翅和尾褐灰，喉及胸部带浅色的纵纹，呈灰色，腹部偏白，两胁有灰色点斑，尾下覆羽具黑白色横斑。

生活习性 栖息于低山阔叶林、混交林和林缘地带，有时亦见于城市公园、果园等生境。

分布范围 省内广泛分布，留鸟。国内主要分布于长江以南的多数地区，包括海南等地。国外主要分布于东亚及东南亚部分地区。

孙晓明/摄

孙晓明/摄

孙晓明/摄

褐柳莺 *Phylloscopus fuscatus*

英文名 Dusky Warbler

识别要点 体长110~130 mm。雌雄相似。上体灰褐色，眉纹棕白色，贯眼纹暗褐色，颊及耳羽灰褐色，颏、喉白色。其余下体乳白色，胸及两胁沾黄褐色。飞羽具橄榄绿色的翼缘。喙细小，腿细长。虹膜褐色；上喙黑色，下喙基部黄色，端部黑色；跗趾黄褐色。

生活习性 栖息于平原至高山灌丛地带，迁徙、越冬时亦见于城市公园等地。单独或成对活动，主要以昆虫为食。

分布范围 迁徙季节省内广泛分布，夏候鸟。国内除极西部地区之外各省份均有分布。国外主要繁殖于西伯利亚、蒙古国北部，越冬于南亚北部及东南亚。

棕眉柳莺 *Phylloscopus armandii*

英文名 Yellow-streaked Warbler

识别要点 体长 110~130 mm。雌雄相似。上体橄榄褐色，飞羽、覆羽及尾缘橄榄色，具白色的长眉纹和皮黄色眼先，后端近白色。贯眼纹暗褐色，颊部、喉部近白色。下体余部为极淡的棕色。主要识别特征为喉部的黄色纵纹常隐约贯胸而及至腹部，尾下覆羽黄褐。

生活习性 栖息于坡面的亚高山云杉林中的柳树及杨树群落，习惯在低灌丛下的地面取食。

分布范围 迁徙季节省内广泛分布，夏候鸟。国内主要繁殖于渤海湾至西藏、云南、广西等西南部地区，越冬于云南和广西南部。国外主要分布于缅甸。

谷国强/摄

谷国强/摄

巨嘴柳莺 *Phylloscopus schwarzi*

英文名 Radde's Warbler

识别要点 体长 120~130 mm。雌雄相似。尾大略分叉，喙厚较粗且稍短，眼纹深褐色，脸侧及耳羽具深色斑点。眉纹较长，呈皮黄色，前段模糊，后端清晰。两翼和尾羽暗褐色，外翈具橄榄绿色羽缘。颏部、喉部白色或灰白色，下体近白，胸及两胁皮黄色。

生活习性 栖息于低山丘陵和山脚平原地带，常隐匿于地面上取食。

分布范围 迁徙季节省内广泛分布，夏候鸟或旅鸟。国内主要繁殖于东北部，越冬于包括海南在内的东南部区域，迁徙经过除宁夏、西藏和青海外的其余各省份。国外主要繁殖于东北亚，越冬于缅甸及中南半岛。

谷国强/摄

孙晓明/摄

黄腰柳莺 *Phylloscopus proregulus*

英文名 Pallas's Leaf Warbler

识别要点 体长 80~105 mm。雌雄相似。上体橄榄绿色，头顶中央冠纹淡黄绿色，眉纹自喙基延伸至头的后部，眉纹前后羽色不同，前半段为鲜艳的柠檬黄色，后半段为淡黄色或近白色。两翼暗褐色，具黄绿色外翈羽缘。下体白色。

生活习性 栖息于针叶林、针阔混交林和稀疏的阔叶林。常活动于树顶枝叶层中，单独或成对活动在高大的树冠层中。迁徙期间结小群活动。食物以昆虫为主。

分布范围 迁徙季节省内广泛分布，旅鸟。国内繁殖于东北、华北北部，越冬于包括海南在内的西南、华南至华北地区。国外主要分布于亚洲东部至中部。

孙晓明 / 摄

黄眉柳莺 *Phylloscopus inornatus*

英文名 Yellow-browed Warbler

识别要点 体长 90~110 mm。上体橄榄绿色，眉纹淡黄绿色，具两道明显黄白色翅斑。下体污白色，胸、两胁及尾下覆羽黄绿色。喙细尖，上喙和下喙前部黑褐色，下喙基部近黄色。

生活习性 栖息于山地和平原的森林中。单独多结小群活动。取食昆虫及蜘蛛。

分布范围 迁徙季节省内广泛分布，夏候鸟。国内除新疆外各省份均有分布。国外主要繁殖于东北亚，迁徙经亚洲东部，越冬于东南亚。

极北柳莺 *Phylloscopus borealis*

英文名 Arctic Warbler

识别要点 体长 110~130 mm。雌雄相似。上体橄榄绿色偏灰绿色，具明显的黄白色长眉纹及甚浅的白色翼斑，中覆羽羽尖成第二道模糊的翼斑。下体略白，两胁褐橄榄色；眼先及过眼纹近黑。喙较长扁。

生活习性 喜栖息于开阔的有林地区、红树林、次生林及林缘地带。繁殖期间常单独成对活动，迁徙季则多成群，有时也和其他柳莺混群，活动于乔木顶端。

分布范围 迁徙季节省内广泛分布，旅鸟。国内除青藏高原外各省份均有分布。国外主要分布于欧亚大陆。

孙晓明/摄

双斑绿柳莺 *Phylloscopus plumbeitarsus*

英文名 Two-barred Warbler

识别要点 体长 110~120 mm。雌雄相似。上体橄榄绿色，前额及头顶羽色略暗，无顶冠纹，具一长且宽的淡黄色或近白色眉纹。此外，还具有两道明显的翅斑。下体白色，两胁和尾下覆羽有时略带淡黄色或淡灰绿色。

生活习性 主要栖息于针叶林、针阔混交林、白桦及白杨树丛中。

分布范围 迁徙季节省内广泛分布，夏候鸟或旅鸟。国内除新疆、西藏和台湾外各省份均有分布。国外繁殖于东北亚，越冬于东南亚。

张凤江 / 摄

谷国强/摄

淡脚柳莺 *Phylloscopus tenellipes*

英文名　Pale-legged Leaf Warbler

识别要点　原名灰脚柳莺。体长 110~130 mm。上体橄榄绿色，具两道皮黄色翼斑、白色长眉纹和橄榄色贯眼纹。喙较大，跗趾浅粉色。腰部和尾上覆羽为独特的橄榄褐色。下体白色，尾近方形。

生活习性　一般活动在林地和林缘灌丛。性胆怯，多藏于森林及次生灌丛的林下植被，常在地面取食。

分布范围　迁徙季节省内广泛分布，夏候鸟。国内主要分布于黑龙江至广西的沿海各地。国外主要繁殖于日本，越冬于东南亚。

冕柳莺 *Phylloscopus coronatus*

英文名 Eastern Crowned Warbler

识别要点 体长 110~120 mm。具偏白色的眉纹和顶冠纹，飞羽具黄色羽缘，有一道黄白色翼斑，下体偏白色，眼先和贯眼纹偏黑色。虹膜褐色或暗褐色；上喙黑褐色，下喙角黄白色或黄褐色；跗趾和爪墨绿褐色或铅褐色。

生活习性 主要栖息于 2000 m 以下的山地针叶林、针阔混交林和阔叶林及其林缘地带。主要活动于树冠，喜红树林、森林和林缘，在不同海拔均可见。

分布范围 迁徙季节省内广泛分布，夏候鸟。国内除宁夏、新疆、西藏、青海和海南外各省份均有分布。国外主要繁殖于苏门答腊岛、爪哇岛。

孙晓明/摄

汪青雄 / 摄

金眶鹟莺 *Seicercus burkii*

英文名 Green-crowned Warbler

识别要点 体长 100~110 mm。头顶中央冠纹灰色或灰沾绿色，具宽阔的灰绿色顶冠纹，眼圈黄色，且眼圈后方断开。具有黑色侧冠纹。下体黄色，两侧尾羽内白色。

生活习性 繁殖期间主要栖息于山地常绿或落叶阔叶林中，尤以林下灌木发达的溪流两岸的稀疏阔叶林和竹林中较常见，也栖息于混交林和针叶林。

分布范围 省内少见。国内主要分布于秦岭以南、华北及青藏高原南部，于多数地区为常见夏候鸟。国外主要分布于南亚北部和东南亚。

短翅树莺 *Horornis diphone*

英文名 Japanese Bush Warbler

识别要点 原名日本树莺。体长140~160 mm。喙细而直；喙须甚短细而不明显；第一枚初级飞羽超过第二枚的1/3；尾羽12枚，尾呈圆尾状甚著，通常较翅更长，故得名。

生活习性 栖息于山区和山下的灌草丛、矮树丛中。习性似远东树莺，一般单独或成对活动，性胆怯，善隐藏。多在灌丛和地面觅食昆虫。鸣声为拖长的低颤音，后接一串3~4音节的圆润多变叫声。

分布范围 迁徙季节省内广泛分布，旅鸟。国内繁殖于东北东部，迁徙经过东部大部分地区。国外主要分布于非洲和亚洲东部，西至西伯利亚叶尼塞河流域，东抵乌苏里江流域、东南亚各地区、印度次大陆，更南达爪哇岛和帝汶岛。

张凤江/摄

谷国强/摄

谷国强/摄

鳞头树莺 *Urosphena squameiceps*

英文名 Asian Stubtail

识别要点 原名短尾莺。体长 80~100 mm。雌雄两性羽色相似。上体棕褐色；头顶深棕褐色或橄榄褐色，缀以暗褐色狭窄的鳞状斑纹；眉纹较明显，呈淡皮黄色；自鼻孔向后延伸至枕部的贯眼纹，呈黑褐色；飞羽黑褐色，外翈棕黄色，与背同色；颊和颈侧污白和暗褐相混杂；尾羽与背同色。下体污白，两胁和胸缀以褐色。

生活习性 主要栖息于低山和山脚的混交林及其林地带，尤以林中河谷溪流沿岸的僻静的密林深处较常见。

分布范围 迁徙季节省内广泛分布，夏候鸟。国内主要分布于东北、华中、华东、东南、华南及台湾。国外主要分布于东亚至东南亚。

银喉长尾山雀 *Aegithalos glaucogularis*

英文名 Silver-throated Bushtit

识别要点 体长 100~130 mm。头顶、背部、两翼和尾羽呈现黑色或灰色，下体纯白色或淡灰棕色，雌性羽色与雄鸟相似。面色比较杂，喙底下的喉部是银色的，与白色的身体可以明显区分开，头顶是黑色的，有白色条纹带。

生活习性 栖息于山地针叶林或针阔混交林中。常见其在树冠间或灌丛中跳跃。食物以昆虫为主。

分布范围 省内广泛分布，留鸟。国内主要分布于东北、华北、华中、华东及西南。国外主要分布于欧亚大陆北部。

孙晓明/摄

孙晓明/摄

孙晓明/摄

孙晓明/摄

山鹛 *Rhopophilus pekinensis*

英文名 Beijing Hill-warbler

识别要点 体长 170 mm 左右。雌雄相似。上体灰色，头、颊、背、翅均为灰色中夹带纵向褐色斑纹，头部具淡色眉纹；外侧尾羽端部灰白色。喙尖而细，上喙和下喙尖灰色，下喙基部粉黄色；眼淡黄褐色；脚褐色。

生活习性 栖息于灌丛及芦苇丛。可在隐蔽处快速飞行。取食昆虫及植物种子和嫩芽。

分布范围 省内广泛分布，留鸟。我国特有种，主要分布于华北至西北山区。

棕头鸦雀 *Sinosuthora webbiana*

英文名 Vinous-throated Parrotbill

识别要点 原名棕翅缘鸦雀。体长 110~120 mm。雌雄相似。整体呈棕粉褐色。头部粉褐色，头顶和飞羽棕红色，背、翼上覆羽和腰部棕褐色，尾暗褐色，颏、喉和胸部粉棕色且具细的暗棕色纵纹，腹部及尾下覆羽灰褐色。虹膜深褐色；喙粗短，灰褐色而尖端色浅；脚棕褐色或铅褐色。

生活习性 栖息于中、低山阔叶林和混交林林缘灌丛或山顶灌丛，也见于公园、苗圃和农田。

分布范围 省内广泛分布，留鸟。国内主要分布于东部、中部和长江以南各省份。国外主要分布于朝鲜半岛及俄罗斯东部。

孙晓明/摄

孙晓明/摄

孙晓明/摄

孙晓明/摄

暗绿绣眼鸟 *Zosterops japonicas*

英文名 Swinhoe's White-eye

识别要点 体长 100~120 mm。雌雄相似。上体绿色，白色眼圈明显，眼先黑色；额基黄色；飞羽和尾羽黑褐色，外翈缘草绿色；颏、喉、颈侧和上胸鲜黄色，下胸及腹部灰白色，尾下覆羽鲜黄色。虹膜红褐色；喙黑色，喙基色浅；脚铅灰色。

生活习性 主要栖息于阔叶林和以阔叶树为主的针阔叶混交林、竹林、次生林等各种森林类型中，也栖息于果园、林缘以及村寨和地边高大的树上。

分布范围 迁徙季节省内广泛分布，旅鸟。国内主要分布于华北至西南一线及其以东各省份。国外主要分布于东亚、中南半岛北部。

山噪鹛 *Garrulax davidi*

英文名 Plain Laughingthrush

识别要点 体长 200~275 mm。上体沙褐色，头顶较暗，眼先灰白色且缀黑色羽端，眉纹和耳羽淡沙褐色；腰和尾上覆羽偏灰色；中央尾羽灰沙褐色，羽端暗褐色，其余尾羽黑褐色且具隐隐黑横斑，基部稍沾灰色；飞羽暗灰褐色，外翈灰白色。下体颏黑色，喉和胸灰褐色，腹及以下淡灰褐色。虹膜灰褐色；喙黄色，喙峰沾褐色；脚肉黄色或灰褐色。

生活习性 栖息于山地至平原的灌丛和矮树丛中，以及溪流沿岸的柳树丛中。

分布范围 省内广泛分布，留鸟。我国特有种，主要分布于东北、华北至中西部山区。

孙晓明/摄

孙晓明/摄

欧亚旋木雀 *Certhia familiaris*

英文名 Eurasian Treecreeper

识别要点 原名旋木雀。体长 120~150 mm。上体棕褐色，具白色纵纹；腰和尾上覆羽红棕色，尾黑褐色；外翈羽缘淡棕色，翅黑褐色，翅上覆羽羽端棕白色，飞羽中部具两道淡棕色带斑。下体白色。尾为很硬且尖的楔形尾，似啄木鸟，可为树上爬动和觅食起支撑作用。喙细长下弯。

生活习性 主要栖息于山地针叶林和针阔混交林、阔叶林和次生林。常单独或成对活动，繁殖期后亦常见呈 3~5 只的家族群。

分布范围 省内广泛分布，留鸟。国内主要分布于东北、华北北部、西北、西南等地。国外主要分布于欧亚大陆、西伯利亚等。

孙晓明/摄

孙晓明/摄

普通䴓 *Sitta europaea*

英文名 Eurasian Nuthatch

识别要点 体长 110~130 mm。上体纯蓝灰色；贯眼纹黑色达于颈侧；眉纹白色或棕白色；中央一对尾羽与上体同色，其余尾羽黑色，外侧两枚具白斑；翅黑；颏、喉近白色。下体余部肉桂色；两胁沾栗色；尾下覆羽栗红色，具白色端斑。

生活习性 喜栖息于针阔混交林、阔叶林内。能在树干向上或向下攀行，飞行轨迹呈波状起伏，偶尔在地面取食，主要以昆虫成虫、幼虫为食，冬季亦取食植物种子。

分布范围 省内广泛分布，留鸟。国内主要分布于包括东北、西北、华东、华中、华南、东南以及台湾。国外主要分布于西伯利亚、蒙古国、日本等。

黑头鸭 *Sitta villosa*

英文名 Chinese Nuthatch

识别要点 体长 100~120 mm。头顶黑色、头颈短；上体灰蓝色具白色或皮黄色眉纹和污黑色贯眼纹；下体灰棕色或棕黄色。体侧无栗色。尾短。鸣管结构及鸣肌复杂，善于鸣啭，叫声多变悦耳；离趾型足，趾三前一后，后趾与中趾等长；腿细弱，跗跖后缘鳞片常愈合为整块鳞板。

生活习性 栖息于低山至高山的针叶林及针阔混交林中。常在树干、树枝、岩石上等地方觅食昆虫、种子等，常成对活动。在洞中筑巢，冬季有储存食物习性。

分布范围 省内广泛分布，留鸟。国内主要分布于中部至华北及东北南部地区。国外主要分布于西伯利亚东南部和朝鲜北部。

孙晓明 / 摄

孙晓明 / 摄

孙晓明/摄

红翅旋壁雀 *Tichodroma muraria*

英文名 Wallcreeper

识别要点 体长120~178 mm。尾短而喙长，翼具醒目的绯红色斑纹。飞羽黑色，外侧尾羽羽端白色显著，初级飞羽两排白色点斑飞行时呈带状。繁殖期雄鸟脸及喉黑色，雌鸟黑色较少。非繁殖期成鸟喉偏白，头顶及脸颊沾褐色。虹膜深褐色；喙、脚黑色。

生活习性 非树栖的高山山地鸟类，主要栖息于高山悬崖峭壁和陡坡上。

分布范围 省内广泛分布，夏候鸟或留鸟。国内主要分布于新疆、青藏高原、喜马拉雅山脉、横断山脉、长江中下游流域及华东的大部分地区。国外主要分布于欧洲南部、中亚、印度北部。

鹪鹩 *Troglodytes troglodytes*

英文名 Eurasian Wren

识别要点 体长 90~110 mm。雌雄相似。大小似柳莺。通体棕褐色，杂以黑褐色横斑。喙较尖，头顶、枕至后颈棕褐色，具清晰或不甚清晰的灰黄色眉纹。飞羽黑褐色，外侧 5 枚初级飞羽，外翈具 10~11 条棕黄白色横斑。尾较短且狭，常垂直上翘。

生活习性 多栖息于山地、丘陵地带的森林和灌丛中。善鸣唱，鸣声清脆响亮。性活泼，善隐蔽，飞行低，仅振翅作短距离飞行。主要以昆虫和蜘蛛等小型动物为食。

分布范围 省内广泛分布，留鸟。国内各省份均有分布。国外主要分布于欧亚大陆。

孙晓明 / 摄

孙晓明 / 摄

褐河乌 *Cinclus pallasii*

英文名 Brown Dipper

识别要点 体长 180~220 mm。成鸟全身深褐色，喙黑色，有较窄的白色眼圈，尾较短。雌雄羽色相似，雌性体型稍小。幼鸟体色较浅，头和喉部具显著的灰白色斑点，背部、胸部和腹部具灰白色鳞形斑纹，尾和两翅的羽端白色。

生活习性 山区水域鸟类，终年栖息活动于河流中的大石上或河岸崖壁凸出部。

分布范围 省内广泛分布，留鸟。国内主要分布于东部地区，新疆北部亦有分布。国外主要分布于中亚至东亚，以及东南亚北部。

孙晓明/摄

孙晓明/摄

孙晓明/摄

八哥 *Acridotheres cristatellus*

英文名 Crested Myna

识别要点 体长 230~280 mm。雌雄相似。通体乌黑色。鼻须及矛状额羽呈簇状耸立于喙基，形如冠状，头顶至后颈、头侧、颊和耳羽呈矛状、绒黑色具蓝绿色金属光泽，其余上体缀有淡紫褐色，不如头部黑而辉亮。两翅与背同色，初级覆羽先端和初级飞羽基部白色，形成宽阔的白色翅斑，飞翔时尤为明显。尾端有狭窄的白色，尾羽绒黑色，除中央一对尾羽外，均具白色端斑。

生活习性 喜栖息于山地、丘陵以及平原地区的村落及其附近开阔地。多集小群活动。

分布范围 省内广泛分布，留鸟。国内主要分布于黄河以南大部分地区。国外主要分布于东亚及东南亚地区。

孙晓明/摄

灰椋鸟 *Spodiopsar cineraceus*

英文名 White-cheeked Starling

识别要点 体长 200~240 mm。雌雄相似。额、头顶、头侧、后颈和颈侧黑色微具光泽，额和头顶前部杂有白色，眼先和眼周灰白色杂有黑色，颊和耳羽白色亦杂有黑色。背、肩、腰和翅上覆羽灰褐色，小翼羽和大覆羽黑褐色，飞羽黑褐色，初级飞羽外翈具狭窄的灰白色羽缘，次级和三级飞羽外翈白色羽缘变宽。虹膜深褐色；喙黄色，尖端黑色；跗跖黄褐色。

生活习性 栖息于平原或山区的稀树地带，繁殖期成对活动，非繁殖期常集群活动，主要取食昆虫。繁殖期 5~7 月。雌雄鸟共同筑巢，每窝产卵通常 5~7 枚。孵化期 12~13 天。雏鸟晚成性，雌雄亲鸟共同育雏。

分布范围 迁徙季节省内广泛分布，夏候鸟。国内除西藏外各省份均有分布。国外主要分布于俄罗斯中部、蒙古国、朝鲜、韩国、日本。

北椋鸟 *Agropsar sturninus*

英文名 Daurian Starling

识别要点 体长 160~190 mm。雌雄相似。上体烟灰色,无紫色光泽;颈背具褐色点斑,两翼及尾黑。上体枕部无黑色斑块,两翅亦缺少绿色光泽,体羽显得较暗淡。头顶浅褐灰色,上体呈土褐色,下体灰白色。虹膜褐色;喙铅灰色;跗跖灰绿色。

生活习性 性喜成群,除繁殖期成对活动外,其他时候多成群活动。常在草甸、河谷、农田等潮湿地上觅食,休息时多栖于电线杆、电柱和树木枯枝上。

分布范围 迁徙季节省内广泛分布,夏候鸟。国内除新疆、西藏、青海外各省份均有分布。国外主要分布于东亚及北亚地区。

孙晓明 / 摄

孙晓明 / 摄

王尧天 / 摄

紫翅椋鸟 *Sturnus vulgaris*

英文名 Common Starling

识别要点 体长 190~220 mm。雌雄相似。眼先黑色，喉部、颈部及背部羽毛延长呈穗状，通体黑色闪紫色及绿色金属光泽，背部、胸腹部至尾下覆羽具白色端斑而使上述部分呈星状斑驳。具不同程度白色点斑，体羽新时为矛状，羽缘锈色而呈扇贝形纹和斑纹，旧羽斑纹多消失。虹膜深褐色；喙黄色；跗跖略红。

生活习性 集群活动，迁徙季常集数百只的大群。喜欢在地面行走捕食。杂食性，以黄地老虎、蝗虫、草地螟等农田害虫和尺蠖、柳毒蛾、红松叶蜂等森林害虫为食，但在秋季也啄食果子和稻谷。

分布范围 迁徙季节省内广泛分布，旅鸟。国内各省份均有分布。国外主要分布于欧亚大陆北部及各大洲。

白眉地鸫 *Geokichla sibirica*

英文名 Siberian Thrush

识别要点 体长 200~230 mm。雄鸟上体黑色，具长而宽阔的白色纹眉。颏部、喉部及胸部黑色或深蓝灰色，部分个体具零星白色点斑，两胁黑色，有时具褐色横斑。腹部白色，尾黑色或灰黑色，外侧尾羽具白色端斑。雌鸟上体为橄榄褐色，颏、喉白色具暗褐色纵纹，胸和两胁橙棕或橙黄色。虹膜褐色；喙黑色；跗跖黄色。

生活习性 单独或成对活动。性情比较安静、隐蔽，在地面或低处觅食，受到惊扰则迅速飞到树上。繁殖期 5~7 月。巢多筑在林下灌木和小树上。每年繁殖1窝，每窝产卵 4~5 枚。在辽宁有繁殖记录。

分布范围 迁徙季节省内广泛分布，夏候鸟或旅鸟。国内繁殖于东北，迁徙经过东部地区。国外主要分布于东亚及东南亚。

孙晓明 / 摄

孙晓明/摄

虎斑地鸫 *Zoothera aurea*

英文名 White's Thrush

识别要点 体长 280~310 mm。雌雄羽色相似。上体从额至尾上覆羽呈鲜亮橄榄赭褐色，各羽均具亮棕白色羽干纹、绒黑色端斑和金棕色次端斑，在上体形成明显的黑色鳞状斑。翅上覆羽与背同色，中覆羽、大覆羽黑色具暗橄榄褐色羽缘和棕白色端斑。初级覆羽绒黑色，外翈中部羽缘橄榄色，飞羽黑褐色，外翈羽缘淡棕黄色，次级飞羽先端棕黄色，内翈基部棕白色，在翼下形成一条棕白色带斑，飞翔时尤为明显。虹膜褐色；喙深褐色；跗跖粉色。

生活习性 栖息于森林、溪谷、河流两岸和地势低洼的密林中。以昆虫和无脊椎动物为食，也食少量植物果实、种子和嫩叶等。

分布范围 迁徙季节省内广泛分布，夏候鸟或旅鸟。国内除海南和青藏高原外各省份均有分布。国外主要分布于欧亚大陆。

灰背鸫 *Turdus hortulorum*

英文名 Grey-backed Thrush

识别要点 体长 200~240 mm。雄鸟上体从头至尾包括两翅表面概为石板灰色，头部微沾橄榄色，头两侧缀有橙棕色，眼先黑色，耳羽褐色具细的白色羽干纹。飞羽黑褐色，外翈缀有蓝灰色，尾羽除中央一对为蓝灰色外，其余尾羽为黑褐色，外翈缀有蓝灰色。雌鸟与雄鸟大致相似，但雌鸟颏、喉呈淡棕黄色且具黑褐色长条形或三角形端斑，尤以两侧斑点较稠密。虹膜褐色；雄鸟喙黄褐色，雌鸟喙褐色；跗跖粉色。

生活习性 常单独或成对活动，春秋迁徙季节亦集成小群，有时亦见和其他鸫类结成松散的混合群。多活动在林缘、荒地、草坡、林间空地和农田等开阔地带。地栖性，善于在地上跳跃行走，多在地上活动和觅食。繁殖期 5~8 月，营巢由雌雄亲鸟共同承担，1 年繁殖 1 窝，每窝产卵 3~5 枚，孵化期 14 天。在辽宁有繁殖记录。

分布范围 迁徙季节省内广泛分布，夏候鸟。国内主要分布于东北东部、长江以南。国外主要分布于亚洲东部。

孙晓明/摄

孙晓明/摄

孙晓明/摄

白眉鸫 *Turdus obscurus*

英文名 Eyebrowed Thrush

识别要点 体长 200~240 mm。雄鸟额、头顶、枕、后颈灰褐色，头顶略沾橄榄褐色，其余上体，包括肩、背、腰、尾上覆羽以及两翅内侧表面概为橄榄褐色。飞羽和覆羽内翈黑褐色，外翈淡橄榄褐色，尾羽暗褐色。眼先黑褐色，纹眉白色，长而显著，眼下有一白斑，其余头侧和颈侧灰色沾褐色，耳羽灰褐色具细的白色羽干纹。雌鸟与雄鸟相似，但雌鸟头部以褐色为主，白色眉纹及眼下方的白色斑点似雄鸟。虹膜褐色；上喙褐色，下喙黄色；雌鸟跗跖黄绿色，雄鸟跗跖褐红色。

生活习性 单独或成对活动。冬季多与斑鸫、赤颈鸫等混群。性谨慎，受到惊扰便飞到树上，长时间站立不动。

分布范围 迁徙季节省内广泛分布，旅鸟。国内除西藏外各省份均有分布。国外主要分布于欧亚大陆东部。

白腹鸫 *Turdus pallidus*

英文名 Pale Thrush

识别要点 体长 220~230 mm。雄鸟额、头顶、枕灰褐色,额基较褐色,眼先、颊和耳羽黑褐色,耳羽具浅黄白色细纹。其余上体,包括背、肩、腰、尾上覆羽和两翅内侧表面概为橄榄褐色;初级覆羽初级飞羽灰褐色,外翈羽缘缀有灰色,次级飞羽和三级飞羽外翈缀有橄榄褐色,内翈黑褐色。雌鸟与雄鸟相似,但雌鸟头部偏褐。虹膜褐色;上喙褐色,下喙黄色;跗跖浅褐色。

生活习性 性谨慎,常单只或成对活动,冬季在地面觅食,有时会与白眉鸫等其他鸫类混群。繁殖期 5~7 月,1 年繁殖 1 窝。孵卵由雌鸟承担,孵化期 12~14 天。雏鸟晚成,雌雄亲鸟轮流寻食喂雏,育雏期 13~15 天。在辽宁有繁殖记录。

分布范围 迁徙季节省内广泛分布,夏候鸟。国内主要分布于横断山脉以东。国外主要分布于东亚。

谷国强/摄

谷国强/摄

谷国强/摄

孙晓明/摄

赤颈鸫 *Turdus ruficollis*

英文名 Red-throated Thrush

识别要点 体长 220~250 mm。雄鸟上体自头顶至尾上覆羽灰褐色，头顶具矛形黑褐色羽干纹，眉纹、颊栗红色，眼先黑色，耳覆羽、颈侧灰色，耳覆羽具淡色羽缘。雌鸟和雄鸟相似，特别是老龄雌鸟和雄鸟很难区别，但雌鸟眉纹较淡，多呈皮黄色。颏、喉白色具栗黑色斑点；胸灰褐而具栗色横斑，有时在下喉和上胸相连处的横斑呈领环状；腹和尾下覆羽灰色，两胁具细的暗褐色纵纹。虹膜褐色；喙黄色，尖端黑色；跗跖近褐色。

生活习性 除繁殖期间成对或单独活动外，其他季节多成群活动，有时也见和斑鸫混群。常在林下灌木上或地上跳跃觅食，遇有惊扰立刻飞到树上，并伴随着"嘎嘎"的叫声。飞行迅速。

分布范围 迁徙季节省内广泛分布，旅鸟。国内主要分布于除东南诸省份外的大部分地区。国外主要分布于中亚至东亚。

红尾斑鸫 *Turdus naumanni*

英文名 Naumann's Thrush

识别要点 原名红尾鸫。体长 200~240 mm。雄鸟整个上体自额至尾上覆羽为灰褐色，头顶至后颈及耳羽具黑色羽干纹，眉纹淡棕色，眼先黑色；有些个体腰和尾上覆羽具有栗红色斑；翼黑褐色，大覆羽外翈白色；中央尾羽黑褐色，基部泛棕红色，外侧尾羽外翈多为棕红色。下体颏、喉棕白色，两侧缀有黑褐色斑点；胸、胁、尾下覆羽和腋羽等均为棕栗色且缀有白色羽缘，腹部中央白色。雌鸟似雄鸟，但雌鸟体色略为暗淡，喉和上胸黑斑更显著。虹膜褐色；喙黑褐色，下喙基部黄色；跗跖灰褐色。

生活习性 迁徙及越冬时常集小群至大群活动，并会与其他鸫类混群。在地面觅食，也会在柏树等植物上取食种子。较其他鸫类更为胆大。

分布范围 迁徙季节省内广泛分布，旅鸟。国内除西藏、海南外各省份均有分布。国外主要分布于西伯利亚东部等地。

白清泉 / 摄

孙晓明 / 摄

孙晓明/摄

斑鸫 *Turdus eunomus*

英文名 Dusky Thrush

识别要点 体长 210~250 mm。雌雄相似。成鸟眼先、耳羽、头顶、枕、后颈至背部为橄榄褐色或深褐色，眉纹白色，颊白色具褐色杂斑，颏、喉白色，具深褐色短纵纹。尾上覆羽具栗斑或主要为棕红色而稍染橄榄褐色，两翅黑褐色，大覆羽外翈羽缘棕白或棕红色，飞羽黑褐色，外翈羽缘亦为棕白或棕红色。中央一对尾羽黑褐或暗橄榄褐色，羽基缘为棕红色，外侧尾羽内翈大都为棕红色，外翈为黑褐色，最外侧一对尾羽几乎全为棕红色。虹膜褐色；喙黑色，下喙基部黄色；跗跖灰褐色。

生活习性 除繁殖期成对活动外，其他季节多成群，特别是迁徙季节，常集成数十只、上百只的大群，个体间常保持一定距离。性活跃，一般在地上活动和觅食，边跳跃觅食边鸣叫。性大胆，不怯人。

分布范围 迁徙季节省内广泛分布，旅鸟。国内除西藏外各省份均有分布。国外主要分布于欧亚大陆东部。

红尾歌鸲 *Larvivora sibilans*

英文名 Rufous-tailed Robin

识别要点 体长 120~150 mm。雄鸟额、头顶暗棕褐色或橄榄褐色,眼周淡黄褐色或黄白色,眼先淡黑褐色或黄褐色,耳羽橄榄褐色杂以细的黄褐色羽干纹。后颈、背、肩、腰等上体橄榄褐色,少数个体淡棕黄色。雌鸟和雄鸟相似,但雌鸟上体橄榄色较暗,尾羽棕色亦不如雄鸟鲜亮,下体鳞状斑亦较稀疏。虹膜褐色;喙黑色;跗跖粉褐色。

生活习性 常单独或成对活动。主要为地栖性,常在林下灌丛地面处活动,善在地面快速奔走,不时上下抖尾。性胆怯,善隐藏,见人后常躲至灌丛中。

分布范围 迁徙季节省内广泛分布,夏候鸟。国内主要分布于东部和南部。国外主要分布于东亚北部。

孙晓明/摄

孙晓明/摄

蓝歌鸲 *Larvivora cyane*

英文名 Siberian Blue Robin

识别要点 体长120~150 mm。雄鸟上体钴蓝色，下体白色。眼先、头侧和颊部绒黑色，耳羽近黑色，颈侧深蓝色，颊后部有一条黑纹沿着颈侧伸至胸侧。两翅内侧覆羽和飞羽与背同色，亦为铅蓝色，外侧飞羽黑褐色，外翈羽缘亦为铅蓝色。尾黑褐色，羽缘沾蓝色。下体自颏、喉、胸至尾下覆羽纯白色。雌鸟眼周棕白色，上体橄榄褐色，腰和尾上覆羽缀有蓝色；尾黑褐色；翼上覆羽橄榄褐色，大覆羽末端棕黄色，在翼上形成明显的翼斑，飞羽暗褐色；下体污白色，颏、喉带有淡棕色，胸部泛皮黄色，两胁沾褐色。虹膜褐色；喙黑色；跗跖粉色。

生活习性 常单独或成对活动。地栖性，一般多在地上行走和跳跃，很少上树栖息，觅食亦多在林下地上和灌木上。平时多藏匿在林下灌木丛或草丛中，常常仅听其声，不见其鸟。繁殖初期也常站在小灌木枝头鸣叫。

分布范围 迁徙季节省内广泛分布，夏候鸟或旅鸟。国内除部分西部地区外各省份均有分布。国外主要分布于东北亚、东南亚。

红胁蓝尾鸲 *Tarsiger cyanurus*

英文名 Orange-flanked Bush-robin

识别要点 体长 120~150 mm。雄鸟上体蓝色或蓝灰色，眉纹白色。下体白色为主，两胁橙色。飞羽和大覆羽为褐色，其余覆羽蓝色或蓝灰色，小覆羽大多为鲜艳的灰蓝色。尾亦为蓝色。雌鸟上体橄榄褐色，腰和尾上覆羽灰蓝色，尾黑褐色外表亦沾灰蓝色。前额、眼先、眼周淡棕色或棕白色，其余头侧橄榄褐色，耳羽杂有棕白色羽缘。下体和雄鸟相似，但雌鸟胸部沾橄榄褐色，胸侧无灰蓝色，其余似雄鸟。虹膜深褐色；喙黑色；跗跖黑色或灰褐色。

生活习性 常单独或成对活动，有时亦见成 3~5 只的小群，尤其是秋季。主要为地栖性，多在林下地上奔跑或在灌木低枝间跳跃。性胆怯，善隐藏，除繁殖期间雄鸟站在枝头鸣叫外，一般多在林下灌丛间活动和觅食。停歇时常上下摆尾。

分布范围 迁徙季节省内广泛分布，夏候鸟或旅鸟。国内除部分西部地区外各省份均有分布。国外主要分布于东北亚和东南亚等地。

孙晓明 / 摄

孙晓明 / 摄

北红尾鸲 *Phoenicurus auroreus*

英文名 Daurian Redstart

识别要点 体长 130~150 mm。雄鸟头顶至枕部呈灰白色,背部为黑色。头侧、颏及喉黑色。下体其余部分为橙棕色。两翼黑色,但次级飞羽基部为白色,构成醒目的块状白色翼斑。雌鸟额、头顶、头侧、颈、背、两肩以及两翅内侧覆羽橄榄褐色,其余翅上覆羽和飞羽黑褐色具白色翅斑,但较雄鸟小,腰、尾上覆羽和尾淡棕色,中央尾羽暗褐色,外侧尾羽淡棕色。下体黄褐色,胸沾棕,腹中部近白色。眼圈微白色。虹膜褐色;喙黑色;跗跖黑色。

生活习性 常单独或成对活动。多在地上和灌丛间啄食虫子,偶尔也在空中飞翔捕食。繁殖期 4~7 月,通常 1 天产 1 枚卵,每窝产卵 6~8 枚,孵化期 13 天。在辽宁有繁殖记录。

分布范围 迁徙季节省内广泛分布,夏候鸟或旅鸟。国内除部分西部地区外各省份均有分布。国外主要分布于亚洲东部。

红尾水鸲 *Rhyacornis fuliginosa*

英文名 Plumbeous Water Redstart

识别要点 体长 120~130 mm。雄鸟除飞羽外通体暗蓝灰色，尾羽栗红色。雌鸟上体灰褐色，下体白色，具细密的灰色鳞状斑。两翼灰褐色，翼上覆羽和部分内侧飞羽具小而清晰的白色端斑。雌鸟上体暗蓝灰褐色，头顶较多褐色，翅上覆羽和飞羽黑褐色或褐色，内侧次级飞羽和覆羽具淡棕色羽缘、尖端具白色或黄白色斑点，在翅上形成两排白色或黄白色斑点。虹膜深褐色；喙黑色；跗跖褐色。

生活习性 常单独或成对活动。多站立在水边石头上、岩壁上或电线杆上，有时也落在村边房顶上。停立时尾常不断地上下摆动，间或还将尾散成扇状，并左右来回摆动。当发现水面或地上有虫子时，则急速飞去捕猎，取食后又飞回原处。有时也在地上快速奔跑啄食昆虫。当有人干扰时，则紧贴水面沿河飞行。

分布范围 省内广泛分布，留鸟。国内除西北大部分地区外各省份均有分布。国外主要分布于东亚至东南亚北部。

谷国强/摄

谷国强/摄

白顶溪鸲 *Chaimarrornis leucocephalus*

英文名 White-capped Water-redstart

识别要点 体长 190~220 mm。雌雄相似。整体色块简单，顶冠和枕部白色，腰部、尾基部和腹部栗色，尾端黑色。幼鸟色暗且偏褐色，顶冠具黑色鳞状斑。

生活习性 栖息于多岩石的山间河谷溪流，有时见于干涸的河床。主要捕食水生昆虫，也食少量蜘蛛、软体动物、植物果实和种子。

分布范围 省内少见。国内主要分布于北京、天津、河北、山东、河南、山西等地。国外主要分布于印度、中南半岛。

黑喉石䳭 *Saxicola maurus*

英文名 Siberian Stonechat

识别要点 体长 120~150 mm。雄鸟整个头部为黑色或黑褐色，颈侧白色，背部及翼上覆羽为黑色具褐色羽缘。内侧飞羽基部及部分覆羽白色，构成一白色翼斑，其余飞羽为黑色。雌鸟上体黑褐色，具宽阔的灰棕色端斑和羽缘，尾上覆羽淡棕色，飞羽和尾羽黑褐色，羽缘均缀有棕色，内侧翅上覆羽白色，形成翅上白色翅斑。虹膜深褐色；喙黑色；跗跖黑色。

生活习性 常单独或成对活动。有时亦静立在枝头，注视着四周的动静，若遇飞虫或见到地面有昆虫活动时，则立即疾速飞往捕食，然后又返回原处。有时亦能扇动着翅膀停留在空中，或做直上直下的垂直飞翔。繁殖期 4~7 月。1 年繁殖 1 窝，每窝产卵 5~8 枚。孵卵由雌鸟承担，孵化期 12±1 天。在辽宁有繁殖记录。

分布范围 迁徙季节省内广泛分布，旅鸟。国内各省份均有分布。国外主要分布于欧亚大陆及非洲北部。

孙晓明 / 摄

孙晓明 / 摄

沙䳭 *Oenanthe isabellina*

英文名 Isabelline Wheatear

识别要点 体长 145~155 mm。雌雄相似。上体为沙褐色或灰褐色，具白色眉纹，眼先黑色。中央一对尾几全黑色，仅基部白色，其余尾羽白色具黑色端斑。飞羽暗褐色，外䎃具细窄的淡沙色羽缘，内䎃具宽阔的白色羽缘，翅上覆羽褐色。眼先黑色，其余头侧沙褐色，眉纹白色。下体沙灰色，胸部微沾锈色，翅下覆羽白色或几乎白色。虹膜深褐色；喙黑色；跗跖黑色。

生活习性 常单独或成对活动，领域性甚强。站姿直，尾不断上下摆动，在地面奔跑迅捷。雄鸟炫耀时跃入空中，尾张开徘徊飞行，然后滑翔降落。善鸣唱，喜欢模仿其他鸟类及动物的叫声。

分布范围 省内少见。国内主要分布于西北部和北部地区，为区域性夏候鸟。国外主要分布于西亚、中亚、东亚西部及非洲。

孙晓明 / 摄

白顶䳭 *Oenanthe pleschanka*

英文名 Pied Wheatear

识别要点 体长 140~165 mm。雄鸟前额、头顶、枕、后颈白色,有时前额基部黑色,背、肩黑色,腰和尾上覆羽白色,尾羽白色具黑色端斑,两翅黑褐色。眼先、耳羽、头侧、颏、喉和上胸黑色,下胸、腹和尾下覆羽白色,翅下覆羽白色,腋羽黑色。雌鸟头顶至后颈灰褐沾棕色,其余上体土褐色或暗棕褐色,腰和尾上覆羽白色,两翅暗褐色。尾同雄鸟。虹膜深褐色;喙黑色;跗跖黑色。

生活习性 常单独或成对活动。地栖性,多在地上奔跑觅食,也常栖息于岩石或灌丛上,发现食物后再突然飞去捕食。站姿直,尾上下摇动。雄鸟在高空盘旋时鸣唱,然后突然俯冲至地面。繁殖期 5~7 月。营巢由雌鸟承担。每窝产卵 4~6 枚。孵卵由雌雄亲鸟轮流承担,雏鸟晚成性。在辽宁有繁殖记录。

分布范围 省内广泛分布,留鸟。国内主要分布于横断山脉北部及秦岭以北的大部地区。国外主要分布于西亚、中亚及东北亚。

蓝矶鸫 *Monticola solitarius*

英文名 Blue Rock Thrush

识别要点 体长 196~227 mm。雄鸟上体、颏部、喉部及胸部呈蓝色或蓝灰色，两翼黑色，腹部至尾下覆羽为栗红色，部分个体臀部两侧为蓝灰色，尾羽深蓝色或褐色。雌鸟上体灰褐色，隐约杂以蓝色，两翼黑色具淡色羽缘。下体为淡皮黄色具黑色鳞状斑，尾羽为深褐色或黑色。虹膜暗褐色；喙黑色；跗跖黑色。

生活习性 单独或成对活动。多在地上觅食，常从栖息的高处直落地面捕猎，或突然飞出捕食空中活动的昆虫，然后飞回原栖息处。繁殖期间雄鸟站在凸出的岩石顶端或小树枝头长时间的高声鸣叫，昂首翘尾，鸣声多变，清脆悦耳，也能模仿其他鸟鸣。

分布范围 迁徙季节省内广泛分布，夏候鸟。国内除青藏高原及东北北部外各省份均有分布。国外主要分布于欧亚大陆。

孙晓明/摄

孙晓明/摄

白喉矶鸫 *Monticola gularis*

英文名 White-throated Rock Thrush

识别要点 原名蓝头矶鸫。体长170~190 mm。雄鸟前额、头顶、枕、后颈钴蓝色，背、肩黑色具棕白色或淡棕色羽缘，在背、肩处形成鳞状斑，尤以肩和下背较明显。腰和尾上覆羽浓栗色，尾羽黑褐色，先端浓黑色，除中央一对尾羽外，其余尾羽外翈沾有灰蓝色。雌鸟自额至后颈橄榄灰褐色且具暗褐色细纹，背、肩包括翅上小覆羽和中覆羽橄榄褐色具宽阔的黑色端缘，在背部形成黑色鳞状斑。虹膜暗褐色；喙黑褐色；跗跖肉褐色。

生活习性 单独或成对活动。性机警，善隐蔽，常站在岩石顶端和树梢茂密的枝叶间鸣叫，鸣声清脆婉转、悦耳动听，极富音韵。多在林下地面或林下灌丛间活动和觅食，秋冬季节也出入于山脚林缘疏林裸岩地带。繁殖期5~7月，营巢由雌雄亲鸟共同承担，1年繁殖1窝，每窝产卵4~8枚。孵化期14±1天。在辽宁有繁殖记录。

分布范围 迁徙季节省内广泛分布，夏候鸟。国内主要分布于东北、华北以及东部和南部沿海地区。国外主要分布于欧亚大陆。

灰纹鹟 *Muscicapa griseisticta*

英文名 Grey-streaked Flycatcher

识别要点 体长130~150 mm。雌雄羽色相似。上体从头至尾灰褐色，头顶各羽中央较暗形成暗色中央斑纹。背具不明显的暗色羽轴纹。眼先和眼周白色或棕白色，前额基部和两侧白色，两翅和尾羽暗褐色，大覆羽羽端和三级飞羽羽缘淡棕白色或白色，在翅上形成明显的淡色翅斑。颊、脸暗灰褐色。下体白色，胸、腹和两胁有明显的灰色或黑褐色长斑点或条纹，胸部纵纹较细。虹膜暗褐色；喙黑色；跗跖黑褐色。

生活习性 常单独或成对活动在树冠层中下部枝叶间，尤以早晨7:00~8:00和下午14:00~15:00活动较为频繁，常在树冠之间飞来飞去，或停息在侧枝上，不时飞向空中捕食飞来的昆虫，很少到地面活动和觅食。

分布范围 迁徙季节省内广泛分布，旅鸟。国内主要分布于东部地区。国外主要分布于亚洲东部。

孙晓明/摄

乌鹟 *Muscicapa sibirica*

英文名 Dark-sided Flycatcher

识别要点 体长 120~140 mm。雌雄羽色相似。上体乌灰褐色，头顶羽毛中部较暗，眼先和眼周白色或皮黄白色。两翅覆羽和飞羽黑褐色，翅上大覆羽和三级飞羽羽缘淡棕白色，初级飞羽内翈羽缘棕褐色，次级飞羽羽缘白色，尾乌灰褐色或黑褐色。颏、喉白色或污白色，胸和两胁具粗阔的乌灰褐色纵纹或全为乌灰色，腹和尾下覆羽白色。虹膜深褐色；喙黑褐色；跗跖黑色。

生活习性 除繁殖期成对，其他季节多单独活动。树栖性，常在高树树冠层，很少下到地上活动和觅食。多在树枝间跳跃和来回飞翔捕食，也在树冠枝叶上觅食。休息时多栖于树顶枝上，捕获食物后多回到原来的栖木上休息。

分布范围 迁徙季节省内广泛分布，夏候鸟或旅鸟。国内除西北地区外各省份均有分布。国外主要分布于亚洲东部。

北灰鹟 *Muscicapa dauurica*

英文名 Asian Brown Flycatcher

识别要点 体长120~140 mm。雌雄羽色相似。额基、眼先、眼圈白色或污白色，头顶至后颈、背、肩、腰、尾上覆羽和翅上覆羽概为灰褐色，飞羽和尾羽黑褐色，次级飞羽和三级飞羽羽缘棕白色，尤以三级飞羽羽缘棕白色较显著，翅上大覆羽具窄的黄白色端缘。下体白色或污白色，胸和两胁苍灰色。虹膜深褐色；喙黑色，下喙基黄色；跗跖黑色。

生活习性 常单独或成对活动，偶尔见成3~5只的小群，停息在树冠层中下部侧枝或枝杈上，当有昆虫飞来，则迅速飞起捕捉，然后又飞落到原处。性机警，善隐蔽，鸣声低沉而微弱。

分布范围 迁徙季节省内广泛分布，夏候鸟。国内主要分布于东部地区。国外主要分布于俄罗斯东南部、蒙古国、南亚及东南亚。

孙晓明／摄

白眉姬鹟 *Ficedula zanthopygia*

英文名 Yellow-rumped Flycatcher

识别要点 体长 120~140 mm。雄鸟上体及尾羽主要为黑色，但眉纹黄色，且下背至腰为鲜黄色。两翼黑色，部分内侧翼上覆羽白色，形成一醒目的长圆形翼斑。下体黄色，但尾下覆羽白色。雌鸟上体暗褐，下体色较淡，腰暗黄。虹膜褐色；喙黑色；跗跖黑色。

生活习性 常单独或成对活动，多在树冠下层低枝处活动和觅食，也常飞到空中捕食飞行性昆虫，捉到昆虫后又落于较高的枝头上。有时也在林下幼树和灌木上活动和觅食。繁殖期间雄鸟常躲藏在大树茂密的树冠层中鸣唱，鸣声清脆、委婉悠扬，平时叫声低沉而短促。

分布范围 迁徙季节省内广泛分布，旅鸟。国内主要分布于东部和南部地区。国外主要分布于欧亚大陆东南部。

鸲姬鹟 *Ficedula mugimaki*

英文名 Mugimaki Flycatcher

识别要点 体长 120~140 mm。雄鸟上体黑色，具较短的白色眉纹，仅从眼上方延伸至眼后方。两翼黑褐色，部分大覆羽和中覆羽白色，构成一椭圆形白色翼斑，甚为醒目。颏部、喉部、胸部及腹部上半部分呈鲜艳的橙红色，橙色区域于腹部逐渐变淡。雌鸟灰褐沾绿色或橄榄褐色，眼先棕白色，眼后上方无白色眉斑，翅上白斑亦较雄鸟小，尾羽无白色。下体和雄鸟相似，但明显较雄鸟淡。虹膜深褐色；喙黑色；跗跖灰褐色。

生活习性 常单独或成对活动。偶尔也见成3~5只的小群。多在潮湿的林下溪边生长繁茂的高树上，也在树冠层枝叶间，有时也下至林下灌木或地上活动和觅食。一般不进入密林深处，常在树木间短距离飞行，飞行急速而飘浮不定。

分布范围 迁徙季节省内广泛分布，夏候鸟。国内主要分布于东北、华北、华东及华南等地。国外主要分布于东亚、东南亚。

孙晓明/摄

孙晓明 / 摄

红喉姬鹟 *Ficedula albicilla*

英文名 Taiga Flycatcher

识别要点 体长 120~140 mm。雄鸟繁殖羽上体灰褐色。两翼深褐色，无翼斑。颏及喉橙色，胸部偏灰色，下体余部为白色。尾上覆羽和尾羽黑色，除中央尾羽外，其余尾羽基部白色。雌鸟颏、喉为白色或污白色，胸沾棕黄褐色，其余似雄鸟。虹膜深褐色；喙黑色；跗跖黑色。

生活习性 常单独或成对活动，偶尔也成小群。性活泼，整天不停地在树枝间跳跃或飞来飞去，并常常从树枝上飞到空中捕食飞行性昆虫，然后又飞回原处。有时也在林下灌丛中或地上，尤其是非繁殖期，喜欢在近地面的灌丛中觅食。

分布范围 迁徙季节省内广泛分布，旅鸟。国内各省份均有分布。国外主要分布于欧亚大陆中部及东部。

白腹蓝鹟 *Cyanoptila cyanomelana*

英文名 Blue-and-white Flycatcher

识别要点 原名白腹蓝姬鹟。体长 140~170 mm。雄鸟头顶及上体余部均为蓝色或深蓝色。两翼大致与上体同色。头侧、颊部、喉部至胸部黑色。腹部及尾下覆羽白色。尾羽暗蓝色，外侧尾羽基部白色。雌鸟上体橄榄褐色，头侧和颈侧沾灰，腰和尾上覆羽锈褐色，尾亦为锈褐色，翅上覆羽黑褐色，羽缘橄榄褐色，飞羽黑褐色，外翈羽缘浅锈褐色。颏、喉污白色，胸和两胁淡灰褐色或灰色，腹和尾下覆羽白色。虹膜深褐色；喙黑色；跗跖黑色。

生活习性 单独或成对活动。刚迁来繁殖地时，多活动在林缘杨桦次生林和灌丛中，雄鸟常站在河谷和溪流附近高树上长时间的鸣叫，清脆婉转，悦耳动听，为一连串的哨声。

分布范围 迁徙季节省内广泛分布，旅鸟。国内主要分布于东部、南部及西南地区。国外主要分布于东亚至东南亚。

孙晓明/摄

孙晓明/摄

戴菊 *Regulus regulus*

英文名 Goldcrest

识别要点 体长 90~100 mm。雄鸟上体橄榄绿色，前额基部灰白色，额灰黑色或灰橄榄绿色；头顶中央有一前窄后宽略似锥状的橙色斑，其先端和两侧为柠檬黄色，头顶两侧紧挨着此黄色斑外又各有一条黑色侧冠纹；眼周和眼后上方灰白或乳白色，其余头侧、后颈和颈侧灰橄榄绿色。雌鸟大致和雄鸟相似，但雌鸟羽色较暗淡，头顶中央斑不为橙红色而为柠檬黄色。虹膜褐色；喙黑色；跗跖淡褐色。

生活习性 除繁殖期单独或成对活动外，其他时间多成群。性活泼好动，行动敏捷，白天几乎不停地在活动，常在针叶树枝间跳来跳去或飞飞停停，边觅食边前进。

分布范围 迁徙季节省内广泛分布，旅鸟。国内各省份均有分布。国外主要分布于欧亚大陆北部。

太平鸟 *Bombycilla garrulus*

英文名 Bohemian Waxwing

识别要点 体长 190~230 mm。雄鸟额及头顶前部栗色，头顶后部及羽冠灰栗褐色；上喙基部、眼先、围眼至眼后形成黑色纹带；背、肩羽灰褐色，腰及尾上覆羽褐灰至灰色，愈向后灰色愈浓；尾羽黑褐色，近端部渐变为黑色；颏、喉黑色，颊与黑喉交汇处为淡栗色；腹羽与背羽同色，腹以下褐灰色，尾下覆羽栗色。雌鸟羽色似雄鸟，但雌鸟颏、喉的黑色斑较小，并微杂有褐色。虹膜暗红色；喙黑色；跗跖黑色。

生活习性 除繁殖期成对活动外，其他时候多成群活动，有时甚至集成近百只的大群。通常活动在树木顶端和树冠层，常在枝头跳来跳去、飞上飞下，有时也到林边灌木上或路上觅食。

分布范围 迁徙季节省内广泛分布，冬候鸟或旅鸟。国内主要分布于新疆西部和东北到华中、华东的广泛区域以及台湾。国外主要分布于欧洲北部、亚洲北部和中部及北美洲部分地区。

孙晓明 / 摄

孙晓明/摄

小太平鸟 *Bombycilla japonica*

英文名 Japanese Waxwing

识别要点 体长 180~200 mm。雄鸟额及头顶前部栗色,愈向后色愈淡,头顶灰褐色;枕部后方黑褐色并伸出长冠羽,此黑褐色冠羽被头后部伸出的冠羽所掩盖,有部分露出;上喙基部、眼先及眼上形成黑色细纹带,后方与黑枕带相连接。雌鸟羽色似雄鸟,但雌鸟颏、喉的黑色斑较小且沾褐色;冠羽较短;上体更显暗褐色,尾上覆羽不显灰色。虹膜紫红色;喙黑色;跗跖黑色。

生活习性 常数十只或数百只聚集成群。性情活跃,不停地在树上跳上飞下。除饮水外,很少下地活动。

分布范围 迁徙季节省内广泛分布,冬候鸟、夏候鸟或旅鸟。国内主要分布于东北到华南地区。国外主要分布于东亚。

领岩鹨 *Prunella collaris*

英文名 Alpine Accentor

识别要点 体长 150~180 mm。雌雄相似。头胸部灰色，颏部略带白色，背部棕灰色具黑褐色纵纹，大覆羽及初级覆羽黑色而末端白色，飞羽及尾羽深褐色，外翈浅色而形成浅色翼纹，腹部及尾下覆羽棕色具白色纵纹。虹膜褐色；喙黑色，喙基具黄斑；跗跖褐色。

生活习性 除繁殖期成对或单独活动外，其他季节多呈家族群或小群活动。性活泼，善隐蔽，在地面上活动和觅食，当人接近时，则立刻起飞，飞不多远又落入灌丛或杂草丛中。

分布范围 迁徙季节省内广泛分布，夏候鸟。国内主要分布于西北、东北、华北及台湾。国外主要分布于欧亚大陆北部。

孙晓明/摄

孙晓明/摄

孙晓明/摄

棕眉山岩鹨 *Prunella montanella*

英文名 Siberian Accentor

识别要点 体长150~160 mm。额、头顶、枕、头侧黑色，眉纹皮黄色或棕黄色，长且宽阔，从额基侧一直延伸至头后侧。后颈、背、肩栗褐色，各羽均具有黑褐色羽干纹或羽干纹不明显。有的背、肩呈淡褐色或棕褐色，具栗色羽干纹。腰和尾上覆羽灰褐色或橄榄褐色，尾灰褐色或黑褐色，翅上覆羽褐色或黑褐色。虹膜褐色；喙黑色；跗跖粉褐色。

生活习性 常单独、成对或成小群活动。在地上奔跑迅速，善隐蔽，常躲藏在茂密的灌草丛中，很少鸣叫。一旦遇到人，在距离很远时就会飞走，每次飞不多远又落入灌丛中。

分布范围 迁徙季节省内广泛分布，冬候鸟或旅鸟。国内主要分布于北方地区和长江以南。国外主要分布于欧亚大陆北部。

山鹡鸰 *Dendronanthus indicus*

英文名 Forest Wagtail

识别要点 体长 160~180 mm。雄鸟额、头顶、后颈、肩、背等整个上体橄榄绿褐色，腰部较淡。尾上覆羽转为污黑褐色，尾黑色或黑褐色，中央一对尾羽暗褐色而缀橄榄绿色，最外侧一对尾羽白色，仅内侧基部有一斜行黑褐色斑，羽干亦为白色。下体颏、喉白色，喉侧微沾暗褐色斑点，胸亦为白色，前胸有一黑褐色横带。雌鸟和雄鸟相似，但雌鸟羽色较暗淡。虹膜灰色；上喙褐色，下喙色较淡；跗跖偏粉色

生活习性 单独或成对在开阔森林地面穿行。喜欢沿着粗的树枝上来回行走，停歇时尾不停地左右来回摆动，不似其他鹡鸰尾上下摆动，身体亦微微随着摆动，受惊时作波状低飞仅至前方几米处停下。

分布范围 迁徙季节省内广泛分布，夏候鸟。国内主要分布于东北、华北、华中和华东地区，冬季南迁至华南、西南和西藏东南部以及海南和台湾。国外主要分布于东亚、东南亚及印度。

孙晓明/摄

黄鹡鸰 *Motacilla tschutschensis*

英文名 Eastern Yellow Wagtail

识别要点 体长160~180 mm。上体主要为橄榄绿色或草绿色，有的较灰。头顶和后颈多为灰色、蓝灰色、暗灰色或绿色，额稍淡，眉纹白色、黄色或无眉纹。有的腰部较黄，翅上覆羽具淡色羽缘。尾较长，主要为黑色，外侧两对尾羽主要为白色。下体鲜黄色，胸侧和两胁有的沾橄榄绿色，有的颏为白色。两翅黑褐色，中覆羽和大覆羽具黄白色端斑，在翅上形成两道翅斑。虹膜褐色；喙褐色；跗跖黑色。

生活习性 多成对或成3~5只的小群，迁徙期亦见数十只的大群活动。喜欢停栖在河边或河心石头上，尾不停地上下摆动。有时也沿着水边来回不停地走动。飞行时两翅一收一伸，呈波浪式前进。

分布范围 迁徙季节省内广泛分布，旅鸟。国内各省份均有分布。国外主要分布于欧洲至中亚、南亚。

孙晓明/摄

孙晓明/摄

黄头鹡鸰 *Motacilla citreola*

英文名 Citrine Wagtail

识别要点 体长160~200 mm。雄鸟头鲜黄色、背黑色或灰色，有的后颈在黄色下面还有一窄的黑色领环，腰暗灰色。尾上覆羽和尾羽黑褐色，外侧两对尾羽具大型楔状白斑。翅黑褐色，翅上大覆羽、中覆羽和内侧飞羽具宽的白色羽缘。下体鲜黄色。雌鸟额和头侧辉黄色，头顶黄色，羽端杂有少许灰褐色，其余上体黑灰色或灰色，具黄色眉纹。下体黄色。虹膜深褐色；喙黑色；跗跖黑色。

生活习性 常成对或成小群活动，也见有单独活动的，特别是在觅食时，迁徙季节和冬季，有时也集成大群。晚上多成群栖息，偶尔也和其他鹡鸰栖息在一起。

分布范围 迁徙季节省内广泛分布，夏候鸟或旅鸟。国内各省份均有分布。国外主要分布于中欧亚大陆、非洲、大洋洲及北美洲西部。

灰鹡鸰 *Motacilla cinerea*

英文名 Grey Wagtail

识别要点 体长 160~180 mm。雄鸟前额、头顶、枕和后颈灰色或深灰色；肩、背、腰灰色沾暗绿褐色或暗灰褐色。尾上覆羽鲜黄色，部分沾有褐色，中央尾羽黑色或黑褐色，具黄绿色羽缘，外侧 3 对尾羽除第一对全为白色外，第二、三对外翈黑色或大部分黑色，内翈白色。雌鸟和雄鸟相似，但雌鸟上体较绿灰色，颏、喉白色，不为黑色。虹膜褐色；喙黑褐色；跗跖粉灰色。

生活习性 常单独或成对活动，有时也集成小群或与白鹡鸰混群。飞行时两翅一展一收，呈波浪式前进。常停栖于水边、岩石、电线杆、屋顶上，有时也栖于小树顶端枝头和水中露出水面的石头上，尾不断地上下摆动。

分布范围 迁徙季节省内广泛分布，夏候鸟。国内各省份均有分布。国外主要分布于欧亚大陆、非洲。

孙晓明 / 摄

白鹡鸰 *Motacilla alba*

英文名 White Wagtail

识别要点 体长 170~200 mm。上体灰色或黑色，下体白色，两翼及尾黑白相间，头后、颈背及胸部具黑色斑纹，头部及背部黑色的多少和纹样随亚种而异。额头顶前部和脸白色，头顶后部、枕和后颈黑色。背、肩黑色或灰色，飞羽黑色。翅上小覆羽灰色或黑色，中覆羽、大覆羽白色或尖端白色，在翅上形成明显的白色翅斑。虹膜褐色；喙黑色；跗跖黑色。

生活习性 站立时经常上下抖动尾部。行走时有"点头"般的动作，飞行呈波浪状，受到惊吓起飞时会边飞边叫，很少飞到高空中。迁徙或越冬时可集上百只的大群，迁徙集群时晚上会在树上栖息。

分布范围 迁徙季节省内广泛分布，旅鸟。国内各省份均有分布。国外主要分布于欧亚大陆、非洲。

孙晓明/摄

孙晓明/摄

田鹨 *Anthus richardi*

英文名 Richard's Pipit

识别要点 体长 170~180 mm。雌雄相似，总体褐色。头顶褐色，具暗褐色纵纹，眉纹浅皮黄色。上体棕褐色，背部具褐色纵纹，胸口亦具较细小的黑色纵纹。下体皮黄色。尾上覆羽较棕、无纵纹，尾羽暗褐色，具沙黄色或黄褐色羽缘，中央一对尾羽羽缘较宽，最外侧一对尾羽大都白色或几全为白色，仅内翈近羽基处羽缘灰褐色，次一对外侧尾羽外翈白色，内翈羽端具较窄的楔状白斑，羽轴暗褐色。虹膜褐色；喙褐色，上喙基部和下喙较淡黄；跗跖褐色。

生活习性 常单独或成对活动，迁徙季节亦成群。有时也和云雀混杂在一起在地上觅食。多栖于地上或小灌木上。飞行呈波浪式，多贴地面飞行。

分布范围 迁徙季节省内广泛分布，夏候鸟。国内各省份均有分布。国外主要分布于西伯利亚、东南亚、南亚。

张凤江/摄

孙晓明/摄

布氏鹨 *Anthus godlewskii*

英文名 Blyth's Pipit

识别要点 体长 150~170 mm。雌雄相似，总体褐色。上体纵纹较多，下体常为较单一的皮黄色，中覆羽羽端较宽，具清晰的翼斑。外形甚似田鹨及东方田鹨，但本种体型略小且显紧凑。颏、喉白色或皮黄色，喉侧有一黑褐色纵纹，胸沙棕色具暗褐色纵纹，腹和其余下体淡棕黄色或沙黄色。虹膜褐色；喙粉红褐色；跗跖粉红色。

生活习性 常成对或成 3~5 只的小群活动，迁徙期间亦集成较大的群。多在地上奔跑觅食。性机警，受惊后立刻飞到附近树上，边飞边发出叫声，声音尖细。站立时尾常上下摆动。

分布范围 迁徙季节省内广泛分布，旅鸟。国内主要分布于大兴安岭西侧经内蒙古至青海及宁夏，越冬南迁至西藏东南部、四川及贵州。国外主要分布于蒙古国、俄罗斯、西伯利亚。

草地鹨 *Anthus pratensis*

英文名 Meadow Pipit

识别要点 体长 140~155 mm。雌雄相似,橄榄褐色。头顶具黑色细纹,眉纹不明显,背部具细纵纹,但腰淡色无纵纹。尾暗褐色,最外侧一对尾羽内侧基部为暗褐色,其余部分为白色,形成一大的楔状白斑,次一对外侧尾羽仅具小的白色端斑,中央尾羽黑褐色具淡色羽缘。虹膜褐色;喙细,角质色;跗跖偏粉色。

生活习性 结松散群活动,迁徙期间亦集成较大的群。多在地上奔跑觅食。夏季食昆虫,秋冬食草籽。

分布范围 迁徙季节省内广泛分布,旅鸟。国内主要分布于新疆西北部,偶见西北、华北及华中。国外主要分布于西亚、欧洲及北非。

李显达/摄

树鹨 *Anthus hodgsoni*

英文名 Olive-backed Pipit

识别要点 体长 150~170 mm。雌雄相似。眉线白色，贯眼纹深色，耳羽暗橄榄色，耳后有淡色斑，喉部有黑色颚线。下背、腰至尾上覆羽几纯橄榄绿色、无纵纹或纵纹极不明显。两翅黑褐色具橄榄黄绿色羽缘，中覆羽和大覆羽具白色或棕白色端斑。尾羽黑褐色具橄榄绿色羽缘，最外侧一对尾羽具大型楔状白斑，次一对外侧尾羽仅尖端白色。虹膜褐色；上喙偏粉，下喙角质色；跗跖粉红。

生活习性 常成对或成 3~5 只的小群活动，迁徙期间亦集成较大的群。多在地上奔跑觅食。性机警，受惊后立刻飞到附近树上，站立时尾常上下摆动。

分布范围 迁徙季节省内广泛分布，夏候鸟或旅鸟。国内主要分布于西南至东北的大部地区，在长江以南越冬。国外主要分布于欧亚大陆。

孙晓明/摄

孙晓明/摄

张凤江/摄

北鹨 *Anthus gustavi*

英文名 Pechora Pipit

识别要点 体长 140~150 mm。雌雄相似。上体棕褐色,眉纹不甚明显,眼先黑色,黑色髭纹显著。尾羽暗褐具棕缘,最外侧尾羽具白端斑。翼上覆羽色似背羽,羽端白缘在翼侧形成两条明显翼斑。下体灰白,颈侧、胸、胁有黑褐色纵纹。虹膜褐色;上喙角质色,下喙粉红;跗跖粉红。

生活习性 栖息于湖边、沙滩、田野。迁徙时活动于开阔的湿润多草地区及沿海多灌丛林带,受惊动即飞向树枝或岩石上。

分布范围 迁徙季节省内广泛分布,旅鸟。国内主要分布于黑龙江,于其他地方主要为过境鸟。国外主要分布于东北亚、东南亚。

孙晓明/摄

红喉鹨 *Anthus cervinus*

英文名 Red-throated Pipit

识别要点 体长 140~150 mm。雌雄相似。繁殖羽头、喉至胸红褐色，头上有黑色细纵纹。背部灰褐色，有皮黄色纵纹、黑色斑纹及两条淡色翼带。尾暗褐色，羽缘淡灰褐色，中央尾羽黑褐色具橄榄灰褐色羽缘，最外侧一对尾羽端部具大型灰白色楔状斑，次一对外侧尾羽仅具白色端斑。虹膜褐色；喙角质色，基部黄色；跗跖肉色。

生活习性 多成对活动，在地上沿枝节走觅食，受惊动立即飞到树枝或岩石上。食物主要为昆虫，多为鞘翅目、膜翅目、双翅目的昆虫及幼虫，食物缺乏时食少量植物性食物。

分布范围 迁徙季节省内广泛分布，旅鸟。国内主要分布于东北、华东、华中，至南部地区及海南和台湾越冬。国外主要分布于欧亚大陆北部、非洲、南亚及东南亚。

黄腹鹨 *Anthus rubescens*

英文名 Buff-bellied Pipit

识别要点 体长 140~170 mm。雌雄相似。繁殖羽眉纹黄白色，耳羽、背部灰褐色，有不明显的暗色纵纹及两条淡色翼斑，喉以下淡黄褐色，头侧、胸侧、胁部有黑色纵斑，尾羽外侧白色。两翅黑褐色具橄榄黄绿色羽缘，中覆羽和大覆羽具白色或棕白色端斑，初级飞羽及次级飞羽羽缘白色。虹膜褐色；上喙角质色，下喙偏粉色；跗跖暗黄色。

生活习性 多成对或十几只小群活动，性活跃，不停地在地上或灌丛中觅食。食物主要为鞘翅目昆虫、鳞翅目幼虫及膜翅目昆虫，兼食一些植物种子。冬季喜沿溪流的湿润多草地区及稻田活动。

分布范围 迁徙季节省内广泛分布，旅鸟。国内除西藏、青海、宁夏外各省份均有分布。国外主要分布于西伯利亚、东亚、东南亚及北美洲。

张凤江/摄

水鹨 *Anthus spinoletta*

英文名 Water Pipit

识别要点 体长 150~175 mm。雌雄相似。繁殖羽眉纹乳白色,背面灰褐色,有不明显的暗色纵纹和两条淡色翼斑,尾羽外侧白色。腹部淡黄褐色,胸侧及胁部有稀疏的褐色纵纹。冬季下体暗皮黄色,胸部及两胁的暗褐色纵纹明显。两翼暗褐色,具有两道白色翅斑。尾羽暗褐色,最外侧的 1 对尾羽外翈白色。虹膜褐色;喙黑褐色;跗跖暗褐色。

生活习性 单个或成对活动,迁徙期间亦集成较大的群。性机警,受惊后立刻飞到附近树上,站立时尾常上下摆动,性活跃,不停地在地上或灌丛中觅食。

分布范围 迁徙季节省内广泛分布,旅鸟。国内繁殖于西部和中部。国外主要分布于欧洲西南、中亚、北非、中东。

孙晓明/摄

孙晓明/摄

孙晓明/摄

苍头燕雀 *Fringilla coelebs*

英文名 Common Chaffinch

识别要点 体长 150~160 mm。雄鸟繁殖羽头顶、枕部、后颈及颈侧皆为蓝灰色，背部栗褐色，腰黄绿色，尾上覆羽灰色。翼上小覆羽和中覆羽大多呈白色，形成块状白斑；大覆羽黑色，具白色端斑，形成一带状翼斑；飞羽黑色为主，具淡黄色外翈羽缘。雌鸟及幼鸟色暗而多灰色。虹膜褐色；雄鸟喙灰色，雌鸟喙粉褐色；跗跖粉褐色。

生活习性 繁殖期成对活动，善于鸣唱。秋冬季多与燕雀混群，集数十只的大群活动。多停栖在树丛和灌丛，在地面活动和取食。

分布范围 迁徙季节省内广泛分布，旅鸟。国内主要分布于华北、东北、西北。国外主要分布于欧亚大陆西部至中部。

孙晓明/摄

孙晓明/摄

燕雀 *Fringilla montifringilla*

英文名 Brambling

识别要点 体长 150~160 mm。雄鸟繁殖羽头部至背部均为黑色，微具光泽。腰和尾上覆羽白色。翼上小覆羽和中覆羽淡橙棕色，大覆羽黑色，羽端淡橙棕色，飞羽黑色，外翈具甚窄的淡黄色羽缘。非繁殖期的雄鸟与繁殖期雌鸟相似，但雌鸟头部图纹明显为褐色、灰色及近黑色。虹膜褐色；喙黄色，喙端灰黑色；跗跖褐色。

生活习性 繁殖期栖息于各类森林，迁徙和越冬栖息于疏林、次生林、农田等处。

分布范围 迁徙季节省内广泛分布，冬候鸟或旅鸟。国内除青藏高原外各省份均有分布。国外主要分布于欧亚大陆。

锡嘴雀 *Coccothraustes coccothraustes*

英文名 Hawfinch

识别要点 体长 160~180 mm。雌雄几乎同色。具粗显的白色宽肩斑。成鸟具狭窄的黑色眼罩，两翼闪辉蓝黑色，颈部灰色，背部暗褐色，腰和尾上覆羽棕褐色。小覆羽暗褐色，中覆羽白色，大覆羽和各级飞羽均为黑色，具紫黑色金属光泽。尾较短，尾羽基部黑色，端部白色。虹膜褐色；喙特大而尾较短，喙灰色或粉褐色；跗跖粉褐色。

生活习性 栖息于低山、丘陵和平原地带的阔叶林、针阔混交林。冬季生活于果园和公园。

分布范围 省内广泛分布，留鸟。国内除西藏、云南及海南外各省份均有分布。国外主要分布于欧亚大陆。

孙晓明/摄

孙晓明/摄

孙晓明/摄

黑尾蜡嘴雀 *Eophona migratoria*

英文名 Chinese Grosbeak

识别要点 体长 170~190 mm。雄鸟头部黑色，颈部灰色，背部灰褐色或棕褐色，腰至尾上覆羽灰色。尾羽黑色，略具金属光泽。两翼各羽大多为黑色，具紫黑色金属光泽，初级覆羽和初级飞羽端部白色，两翼收拢时亦甚为显著，形成白色翼斑。雌鸟似雄鸟，但雌鸟头部黑色少。幼鸟似雌鸟但褐色较重。虹膜褐色；喙基蓝灰色，中段黄色，端部黑色；跗跖粉褐色。

生活习性 非繁殖期集大群活动，于树上或树间活跃，飞行时扇翅有声。主要栖息于林地，亦常见于村镇及城市公园。

分布范围 迁徙季节省内广泛分布，夏候鸟或旅鸟。国内除西部地区和海南外各省份均有分布。国外主要分布于东亚至东南亚北部。

黑头蜡嘴雀 *Eophona personata*

英文名 Japanese Grosbeak

识别要点 体长 200~220 mm。雌雄相似。头顶、眼先、眼周和颊前部黑色，颊部、喉部及耳羽、枕部和颈部均为灰色。背、腰及尾上覆羽灰色，大部分翼上覆羽和各级飞羽呈黑色，初级飞羽中部白色，形成一小块白色翼斑。幼鸟褐色较重，头部黑色减少至狭窄的眼罩，也具两道皮黄色翼斑。虹膜褐色；喙黄色；跗跖粉褐色。

生活习性 较少集大群，常单独或集小群活动，常藏于树上部枝叶间。多见于较低海拔的林地。

分布范围 迁徙季节省内广泛分布，夏候鸟或旅鸟。国内主要分布于东部地区。国外主要分布于东亚。

谷国强/摄

孙晓明/摄

松雀 *Pinicola enucleator*

英文名 Pine Grosbeak

识别要点 体长 200~220 mm。雄鸟头部红色，具黑色贯眼纹。上体大部分亦呈红色，背部有不甚清晰的灰褐色纵纹。翼上覆羽黑褐色，具近白色的端斑，形成两道浅色翼斑。飞羽黑色，外翈具较窄的粉红色羽缘。幼鸟全身灰暗，具皮黄色的翼斑。虹膜褐色；喙灰色，喙基粗壮带钩；跗蹠褐色。

生活习性 栖息于针叶林和针阔混交林。冬季集小群活动于树枝上枝叶间，也至灌丛或地面觅食。一般不怕人。

分布范围 迁徙季节省内广泛分布，冬候鸟或旅鸟。国内主要分布于黑龙江、吉林、辽宁、内蒙古等地。国外主要分布于欧亚大陆北部至北美。

红腹灰雀 *Pyrrhula pyrrhula*

英文名 Eurasian Bullfinch

识别要点 体长 160~170 mm。雄鸟头顶、眼先、眼周及颏均为黑色，颊部及耳羽红色，背部灰色，腰白色，尾上覆羽和尾羽均为黑色。翼上覆羽大多为灰色，但大覆羽基部黑色，端部灰白色或白色。下体基调灰色而具不同量的粉色。雌鸟图纹似雄鸟，但雌鸟暖褐色取代粉色。幼鸟似雌鸟但无黑色的顶冠及眼罩，且翼斑皮黄色。虹膜褐色；喙黑色；跗跖褐色。

生活习性 多集小群在枝叶间活动，也至地面觅食。多见于较低海拔的针叶林、针阔混交林和灌丛。

分布范围 迁徙季节省内广泛分布，冬候鸟。国内主要分布于黑龙江、吉林、辽宁、内蒙古、河北、山东等地。国外主要分布于欧亚大陆。

孙晓明 / 摄

孙晓明 / 摄

粉红腹岭雀 *Leucosticte arctoa*

英文名 Asian Rosy Finch

识别要点 原名岭雀、北岭雀、白翅岭雀。体长150~170 mm。雄鸟前额至头顶前部黑色，羽端灰色。眼先、耳羽及颊皆为灰黑色。眉纹棕色，并延伸至后颈。背部棕褐色，具黑色纵纹，腰和尾上覆羽褐色，具粉红色鳞状斑。翼上覆羽黑褐色，具显著的粉红色端斑，飞羽黑色，外翈具淡粉色羽缘。雌鸟较雄鸟色暗，两翼的粉红色仅限于覆羽。虹膜褐色；喙黄色，喙端黑色；跗跖褐色。

生活习性 栖息于线林以上的山顶苔原、灌丛、裸岩山坡等。集大群活动，在地面觅食，冬季一些群体会在山谷中活动。

分布范围 迁徙季节省内广泛分布，冬候鸟。国内主要分布于东北、华北及西北。国外主要分布于亚洲东北部。

孙晓明/摄

普通朱雀 *Carpodacus erythrinus*

英文名 Common Rosefinch

识别要点 体长 130~150 mm。雄鸟头部红色，具暗红褐色贯眼纹。背部粉色，具模糊的暗红色纵纹，腰及尾上覆羽红色。翼上覆羽和飞羽均为暗褐色，具粉红色羽缘。尾羽暗褐色，颏、喉、胸皆为红色，腹部淡红色，尾下覆羽白色。雌鸟无粉红，上体清灰褐色，下体近白。幼鸟似雌鸟但褐色较重且有纵纹。虹膜褐色；喙灰色；跗跖褐色。

生活习性 单独、成对或结小群活动。栖息于亚高山林带但多在林间空地、灌丛及溪流旁。飞行呈波状。

分布范围 迁徙季节省内广泛分布，冬候鸟或旅鸟。国内各省份均有分布。国外主要分布于欧亚大陆。

孙晓明/摄

长尾雀 *Carpodacus sibiricus*

英文名 Long-tailed Rosefinch

识别要点 体长 160~170 mm。雄鸟前额基部至眼先暗红色，头顶和颊部银白色或淡粉色。背部粉红色，具黑褐色纵纹，腰和尾上覆羽粉红色无纵纹。翼上小覆羽暗褐色，具粉红色端斑，大覆羽和中覆羽黑色，具较宽的白色端斑，形成两道显著的翼斑。雌鸟棕褐色，上体、下体均具黑色纵纹。下腹至尾下覆羽淡皮黄色。虹膜褐色；喙甚粗厚，喙黄褐色至粉褐色；跗跖褐色。

生活习性 单独或集小群活动于植被中下层，觅食于灌木和矮树。

分布范围 省内广泛分布，冬候鸟或留鸟。国内主要分布于西北、东北、华北、西南和中部地区。国外主要分布于亚洲中部至东部。

金翅雀 *Chloris sinica*

英文名 Oriental Greenfinch

识别要点 体长 130~140 mm。雄鸟头部以灰色为主，前额、眉纹前段及颊部为黄绿色，眼先黑色。背部及部分翼上覆羽栗褐色。飞羽黑色，其中初级飞羽基部黄色，形成一显著的翼斑，次级飞羽基部外翈和端部白色，形成一紧邻上述黄色翼斑的斑块。雌鸟色暗，幼鸟色淡且多纵纹。虹膜褐色；喙偏粉色；跗跖褐色。

生活习性 主要栖息于低山、丘陵、山脚、平原地带的疏林中。常集群生活，冬季可集上百只的大群。飞行时可见清晰的黄色翼斑。

分布范围 省内广泛分布，留鸟。国内除新疆、西藏和海南外各省份均有分布。国外主要分布于亚洲东部。

孙晓明/摄

孙晓明 / 摄

白腰朱顶雀 *Acanthis flammea*

英文名 Common Redpoll

识别要点 原名苏雀。体长 130~140 mm。雄鸟前额基部黑色，前额至头顶前部红色，具灰白色眉纹和黑褐色贯眼纹。颊褐色。头顶后部至背部灰白色，具显著的黑色纵纹。腰白色，具黑色细纹。尾上覆羽和尾羽暗褐色，具近白色羽缘。雌鸟与雄鸟相似，但雌鸟下体不带红色。非繁殖期雄鸟似雌鸟但胸具粉红色鳞斑，尾叉形。虹膜褐色；喙黄色；跗跖黑褐色。

生活习性 主要栖息于较低海拔的阔叶林、混交林、灌丛、湿地、农田等生境。多集群在树上或灌丛、地面觅食，飞行时呈现出快速的冲跃式。

分布范围 迁徙季节省内广泛分布，冬候鸟或旅鸟。国内主要分布于黑龙江、辽宁、吉林、内蒙古、山东、江苏等地。国外主要分布于欧亚大陆和北美洲。

白翅交嘴雀 *Loxia leucoptera*

英文名 Two-barred Crossbill

识别要点 体长 160~170 mm。喙相测交,甚似红交嘴雀但体型较小而细,头较拱圆。雄鸟头部砖红色,眼先、眼周和耳羽灰褐色或暗褐色。背部、腰部大致为红色,背部有时略带褐色,尾上覆羽黑色,具白色端斑。两翼各羽以黑色为主,小覆羽具粉红色羽缘,中覆羽和大覆羽均具甚宽的白色端斑。虹膜褐色;喙黑色,边缘偏粉;跗跖黑褐色。

生活习性 单独或成对活动,活动时较喧闹。一般在较低海拔的针叶林活动。

分布范围 迁徙季节省内广泛分布,夏候鸟或旅鸟。国内主要分布于东北至华北。国外主要分布于欧亚大陆和北美。

孙晓明 / 摄

孙晓明/摄

孙晓明/摄

黄雀 *Spinus spinus*

英文名 Eurasian Siskin

识别要点 体长110~120 mm。雄鸟头顶及眼先黑色，眉纹和颊黄色。背部黄色或黄绿色，具不甚清晰的褐色纵纹，腰黄色，尾上覆羽橄榄色，中覆羽和大覆羽黑褐色，具宽阔的黄色端斑，形成显著的翼斑。雌鸟色暗而多纵纹，顶冠和颏无黑色。幼鸟似雌鸟但褐色较重，翼斑多橘黄色。虹膜褐色；喙偏粉色；跗跖褐色。

生活习性 具迁徙性，非繁殖期集群，见于较低海拔的各种林地，冬季结大群作波状飞行。

分布范围 迁徙季节省内广泛分布，夏候鸟或旅鸟。国内除青藏高原和西南部地区外各省份均有分布。国外主要分布于欧亚大陆。

铁爪鹀 *Calcarius lapponicus*

英文名 Lapland Longspur

识别要点 原名铁雀。体长 150~170 mm。雄鸟繁殖羽头部及胸黑色，眉纹、颈侧至肩部白色，后颈红棕色，背部灰褐色具黑色纵纹，尾羽灰褐色有白色羽缘。头大而尾短，后趾及爪甚长。繁殖期雌鸟特色不显著，但颈背及大覆羽边缘棕色，侧冠纹略黑，眉线及耳羽中心部位色浅。虹膜暗褐色；喙黄色，喙端深色；跗跖深褐色。

生活习性 群栖，活动于平原地区多灌丛的开阔草地、沿海田野。冬季常聚集为几十只至上百只大群，在地面取食草籽或谷粒等。飞行时抱团，显得很密集，速度也非常快。

分布范围 迁徙季节省内广泛分布，旅鸟。国内主要分布于西北、华北、华中及东部沿海。国外主要分布于欧亚大陆。

孙晓明/摄

白头鹀 *Emberiza leucocephalos*

英文名 Pine Bunting

识别要点 体长 160~170 mm。具独特的头部图纹和小型羽冠。雄鸟具白色的顶冠纹和紧贴其两侧的黑色侧冠纹，耳羽中间白而环边缘黑色，头部其他部分及喉栗色，与白色的胸带形成对比。胁部带红棕色条纹，背部褐色有黑褐色纵纹，腰红褐色，尾黑褐色。雌鸟色淡而不显眼。虹膜深褐色；喙灰蓝色，上喙中线褐色；跗跖粉褐色。

生活习性 繁殖期常成对活动，非繁殖期多集数十只的小群。喜林缘、林间空地和火烧过或砍伐过的针叶林及针阔混交林。

分布范围 迁徙季节省内广泛分布，冬候鸟。国内主要分布于东北、中部、华东、西北。国外主要分布于西伯利亚。

谷国强/摄

谷国强/摄

孙晓明/摄

灰眉岩鹀 *Emberiza godlewskii*

英文名 Godlewski's Bunting

识别要点 体长160~170 mm。头具灰色及黑色条纹，侧冠纹栗色，下体暖褐色。雌鸟似雄鸟但雌鸟色淡。幼鸟头、上背及胸具黑色纵纹。虹膜深褐色；喙灰色，喙端近黑，下喙基黄色或粉色；跗跖粉褐色。

生活习性 喜干燥而多岩石的丘陵山坡及近森林而多灌丛的沟壑深谷，冬季移至开阔多矮丛的栖息生境。繁殖期雄鸟领域性强，常站在枝头或高处鸣唱。

分布范围 省内广泛分布，留鸟。国内主要分布于华北、华中及西南。国外主要分布于东亚地区和俄罗斯南部。

三道眉草鹀 *Emberiza cioides*

英文名 Meadow Bunting

识别要点 体长150~180 mm。具醒目的黑白色头部图纹和栗色的胸带，以及白色的眉纹、上髭纹、颊、喉。繁殖期雄鸟脸部有别致的褐色及黑白色图纹，胸栗色，腰棕色。雌鸟色较淡，眉线及下颊纹皮黄，胸深皮黄色。幼鸟色淡且多细纵纹。虹膜深褐色；喙双色，上喙色深，下喙蓝灰而喙端色深；跗跖粉褐色。

生活习性 栖息于高山丘陵的开阔灌丛及林缘地带，繁殖期雄鸟常站在枝头持续鸣唱。育雏期捕食昆虫，其他季节主要以草籽为食。

分布范围 省内广泛分布，夏候鸟或留鸟。国内主要分布于东北、华北、华东至西南。国外主要分布于东亚地区。

孙晓明/摄

孙晓明/摄

孙晓明/摄

白眉鹀 *Emberiza tristrami*

英文名 Tristram's Bunting

识别要点 体长 140~150 mm。头具显著条纹。雄鸟繁殖羽头至颈黑色，顶纹、眉纹、颊纹白色，耳羽后方有白斑。背灰褐色，有深褐色纵斑，腰至尾羽栗红色。翼黑褐色，中覆羽、大覆羽羽缘淡褐色。雌鸟与非繁殖期雄鸟色暗，头部对比较少，但图纹似繁殖期的雄鸟，仅颜色浅。虹膜深褐色；上喙蓝灰色，下喙偏粉色；跗跖粉色。

生活习性 活动于有树林的环境，少至开阔耕地。过境时单独或成对出现于海岸附近的灌丛、草丛及林缘地带。在地面或林下灌丛取食草籽和昆虫。

分布范围 迁徙季节省内广泛分布，夏候鸟或旅鸟。国内各省份均有分布。国外主要分布于西伯利亚、中南半岛北部。

栗耳鹀 *Emberiza fucata*

英文名 Chestnut-eared Bunting

识别要点 体长 150~160 mm。雄鸟繁殖羽额、顶部至后颈灰色，有黑色纵纹，耳羽栗色，背部红褐色且有黑色纵纹。翼褐色，羽缘红褐色，尾羽深褐色，外侧尾羽白色。喉白色，髭纹黑色，与上胸黑色粗纵纹斑相连。雌鸟与非繁殖期雄鸟相似，但雌鸟色彩较淡。虹膜深褐色；上喙黑褐色，下喙偏粉色；跗跖粉色。

生活习性 单独或集小群在地面取食草籽或昆虫，活动于开阔平原的荒地、休耕地及林缘地带。

分布范围 迁徙季节省内广泛分布，夏候鸟或旅鸟。国内除青海、新疆外各省份均有分布。国外主要分布于蒙古国东部及俄罗斯东部，越冬至朝鲜、日本南部及中南半岛北部。

孙晓明/摄

孙晓明/摄

孙晓明 / 摄

小鹀 *Emberiza pusilla*

英文名 Little Bunting

识别要点 体长 120~140 mm。雄雌同色。头具条纹，繁殖期成鸟体型小而头具黑色和栗色条纹，眼圈色浅，侧冠纹、耳羽外缘及髭纹黑色。背部大致灰褐色，有黑斑，翼上覆羽及飞羽羽缘红褐色，尾羽黑褐色，外侧尾羽白色。非繁殖羽羽色较淡，头部红褐色与黑色侧冠纹混杂。虹膜暗褐色；喙灰色；跗跖红褐色。

生活习性 喜在林下或农田、草地等开阔地带觅食草籽、谷物及昆虫。常集群迁徙，冬季分散或单独行动。

分布范围 迁徙季节省内广泛分布，旅鸟。国内除西藏外各省份均有分布。国外主要繁殖于欧洲极北部及亚洲北部，冬季南迁至印度东北部及东南亚。

孙晓明/摄

孙晓明/摄

黄眉鹀 *Emberiza chrysophrys*

英文名 Yellow-browed Bunting

识别要点 体长 140~150 mm。头具条纹，似白眉鹀但眉纹前半部黄色。繁殖羽雄鸟额、顶部、眼先至耳羽、髭纹黑色，顶冠纹后部白色。眉纹前段黄色，后段白色。颊纹白色，耳羽后方有白斑。背部大致为茶褐色，有黑色纵纹，尾羽黑褐色，外侧尾羽白色。非繁殖羽具白色顶冠纹，耳羽黑褐色。雌鸟具白色顶纹，耳羽黑褐色。虹膜深褐色；喙粉色；跗跖粉色。

生活习性 冬季多集小群在地面或灌木、草丛中活动，取食草籽。性机警，常藏匿于灌丛中，与其他鹀种混群。

分布范围 迁徙季节省内广泛分布，旅鸟。国内主要分布于东部地区及长江流域以南各省份。国外主要分布于俄罗斯贝加尔湖以北、蒙古国北部。

田鹀 *Emberiza rustica*

英文名 Rustic Bunting

识别要点 体长 130~155 mm。雄鸟繁殖羽头、脸黑色，略具羽冠，眉纹、下颊及喉白色。耳羽后方有白斑。背至尾上覆羽栗红色，有黑褐色纵斑，尾羽黑褐色，外侧尾羽白色。翼黑褐色，有浅色羽缘及两条白色翼斑。雌鸟及非繁殖期雄鸟相似但白色部位色暗，黄色的脸颊后方通常具一近白色点斑。虹膜暗褐色；喙深灰色；跗跖粉色。

生活习性 栖息于泰加林、石楠丛及沼泽地带，越冬于开阔地带、人工林地及公园。常集小群活动，觅食于地面。性不怯人，停栖时常竖起羽冠。

分布范围 迁徙季节省内广泛分布，旅鸟。国内各省份均有分布。国外主要分布于欧亚大陆北部。

孙晓明/摄

黄喉鹀 *Emberiza elegans*

英文名 Yellow-throated Bunting

识别要点 体长 150~160 mm。雄鸟头上羽冠黑褐色，眼先至耳羽及脸颊黑色，眉纹鲜黄色。背部红褐色，有黑色轴斑及灰色羽缘，尾羽黑褐色，外侧尾羽白色。喉部黄色，胸部有黑色三角形斑。雌鸟似雄鸟但色淡，褐色取代黑色。虹膜暗褐色；喙近黑；跗跖肉色。

生活习性 主要栖息于丘陵及山脊的干燥落叶林及混交林。繁殖期单独或成对活动，非繁殖期常集小群。性机警，遇惊扰立即隐匿于灌丛中。

分布范围 迁徙季节省内广泛分布，冬候鸟。国内主要分布于东北、华北及华中，越冬于沿海省份、西南及台湾。国外主要分布于俄罗斯、朝鲜、日本。

孙晓明 / 摄

孙晓明 / 摄

孙晓明/摄

孙晓明/摄

栗鹀 *Emberiza rutila*

英文名 Chestnut Bunting

识别要点 体长140~150 mm。繁殖期雄鸟羽头、颈、喉、上胸、背、腰、翅及尾上覆羽均为醒目的栗红色，两翼及尾羽黑褐色，具红褐色羽缘。非繁殖期雄鸟相似但色较暗，头及胸暗黄色。雌鸟甚少特色，顶冠、上背、胸及两胁具深色纵纹，下背、腰及尾上覆羽栗红色，耳羽浅棕色，眉纹皮黄色。虹膜暗褐色；喙粉褐色；跗跖肉褐色。

生活习性 集小群活动，栖息于低矮灌丛的开阔针叶林、混交林及落叶林，高可至海拔2500 m。冬季活动于林边及农耕区。

分布范围 迁徙季节省内广泛分布，夏候鸟或旅鸟。国内主要分布于东部和南部地区。国外主要分布于西伯利亚南部。

灰头鹀 *Emberiza spodocephala*

英文名 Black-faced Bunting

识别要点 体长 140~160 mm。雄鸟繁殖羽头、颈、喉、上胸灰色，颏及眼先黑色，上体余部浓栗色而具明显的黑色纵纹，下体浅黄或近白，肩部具一白斑，尾色深而带白色边缘。雌鸟及冬季雄鸟头橄榄色，过眼纹及耳覆羽下的月牙形斑纹黄色。虹膜暗褐色；上喙近黑并具浅色边缘，下喙偏粉色且喙端深色；跗跖肉色。

生活习性 非繁殖期常单独或集松散的小群活动，在地面活跃地跳动觅食。性机警，受到惊扰立即飞入灌丛中。

分布范围 迁徙季节省内广泛分布，夏候鸟。国内各省份均有分布。国外主要分布于俄罗斯的西伯利亚、日本。

孙晓明 / 摄

孙晓明/摄

孙晓明/摄

苇鹀 *Emberiza pallasi*

英文名 Pallas's Reed Bunting

识别要点 体长 130~150 mm。雄鸟繁殖羽头至喉部及上胸部黑色，颊纹、颈圈白色。上体具灰色及黑色的横斑，两翼浅褐色，小覆羽蓝灰色。胸以下近白色，胸侧及胁部淡灰褐色。雌鸟及非繁殖羽雄鸟及各阶段体羽的幼鸟均为浅沙皮黄色，且头顶、上背、胸及两胁具深色纵纹。虹膜暗褐色；上喙灰黑色，下喙偏粉色；跗跖深褐色至粉褐色。

生活习性 栖息于平原和山脚地带的灌丛、草地、芦苇沼泽和农田地区。常于芦苇或灌丛高处鸣唱，鸣唱为一单音节的重复。

分布范围 迁徙季节省内广泛分布，夏候鸟或旅鸟。国内主要分布于东北、西北、华北、东南沿海。国外主要分布于俄罗斯、蒙古国。

红颈苇鹀 *Emberiza yessoensis*

英文名 Japanese Reed Bunting

识别要点 体长 140~150 mm。雄鸟繁殖羽头至上胸部黑色，腰及后颈红褐色。非繁殖羽雄鸟黑色头罩变得暗淡，似雌鸟但喉色较深。繁殖期雌鸟似雄鸟，头顶、耳羽及眼先色较深，眉纹皮黄色，颈背粉棕色，头顶及耳羽色较深。虹膜深栗色；喙近黑色；跗跖偏粉色。

生活习性 集小群在地面或灌丛中活动。栖息于芦苇地、有矮丛的沼泽地以及高地的湿润草甸。

分布范围 迁徙季节省内广泛分布，夏候鸟或旅鸟。国内主要分布于东北、华东、华中及华南。国外主要分布于俄罗斯、朝鲜、日本。

孙晓明/摄

孙晓明/摄

孙晓明/摄

孙晓明/摄

芦鹀 *Emberiza schoeniclus*

英文名 Common Reed Bunting

识别要点 体长 130~160 mm。雄鸟繁殖羽头部黑色，白色颊纹及颈环显著，上体棕褐色，背部褐色具黑色纵纹。雌鸟及非繁殖期雄鸟头部的黑色多褪去，头顶及耳羽具杂斑，眉线皮黄。站立时，易见外侧尾羽的大片白色。虹膜暗褐色；上喙灰黑色，下喙偏粉色，先端暗色，喙峰呈弧形；跗跖深褐色至粉褐色。

生活习性 栖息于高芦苇地，但冬季也在林地、田野及开阔原野取食。常集小群在地面或灌草丛中窜飞。

分布范围 迁徙季节省内广泛分布，夏候鸟。国内主要分布于东部地区，于新疆、青海及东北繁殖。国外主要分布于欧亚大陆、非洲。

邱显淳 / 摄

宁波滑蜥 *Scincella modesta*

英文名 Modest Ground Skink

识别要点 原名北滑蜥。体、尾细长，尾长达体长的1.5倍。鼻鳞完整，没有上鼻磷；额鼻磷单枚，宽大于长，与吻鳞相接；前额鳞1对，左右不相切或仅相接；额鳞五边形；额顶鳞1对，左右对称；顶间鳞单枚，位于额顶鳞与顶鳞之间的正中位置；眼上鳞4枚；上睫鳞6枚；颊鳞2枚；上唇鳞每侧7或8枚，下唇鳞每侧6或7枚；颏鳞2枚；耳孔小于眼眶；鼓膜明显下陷。全体鳞片光滑无棱。体中段鳞片28~30枚；肛前鳞1对，长宽几乎相等。四肢较短。背面古铜色，有黑色细小点斑缀连成规则的纵线，背侧深色纵纹上缘波状。腹面灰色。

生活习性 栖息于郁闭度不大的乔木、灌木和山间乱石中，常在山区小路旁和枯枝落叶中活动。

分布范围 省内主要分布于锦州、朝阳。国内主要分布于江西、安徽、河北、辽宁、湖北、江苏、浙江、福建、安徽、湖南、香港和四川等地。

棕黑锦蛇 *Elaphe schrenckii*

英文名 Amurnatter

识别要点 体长 150 cm 左右,大者可达 200 cm。背面棕黑色具光泽,自颈部至尾部有横纹 22~28 个,前后两横斑相距 8~12 枚鳞;腹面灰白色有明显的黑斑。中段背鳞 23 行,仅最外 1 行平滑,余均具强棱;腹鳞 203~224 枚;肛鳞二分;尾下鳞 54~76 对。

生活习性 活动于平原、山区的林边、草丛、耕地等处。性情比较温和,不受威胁时,一般不咬人。以鼠类为食,亦食鸟类及鸟蛋。

分布范围 省内主要分布于抚顺、本溪、丹东、铁岭。国内主要分布于辽宁、吉林、黑龙江。国外主要分布于朝鲜半岛。

董丙君 / 摄

乌苏里蝮 *Gloydius ussuriensis*

英文名 Ussuri Mamush

识别要点 原名白眉蝮蛇。体长 172~676 mm。头三角形，不宽扁，颈明显，个体较细小，尾较短。上唇鳞 7 枚，颊鳞 1 枚；眶前鳞 2 枚，眶后鳞 2 枚。中段背鳞 21 行，个别 22（23）行，除最外 1 行光滑外均起棱；腹鳞 139~157 枚，肛鳞 1 枚，尾下鳞 36~51 对。体色变化较大，背面黑褐色、黑灰色、棕褐色、土褐色、土黄色、棕绿色或棕红色，自颈至尾有 2 行中央色浅的深色圆斑或由此斑形成的网纹，尾色同体色。腹面色浅者，颌部灰白色。眼后斜向口角有深色宽带状斑，其背缘有醒目的细白边，即所谓"白眉"。

生活习性 多生活在山地、丘陵、林缘、草丛、灌丛、农田等处，以乱石堆中多见。有固定的栖息场所，活动范围一般不超过 3 km。以食鼠和蛙为主，亦食鱼、泥鳅，偶食蜥蜴和蛇。

分布范围 省内主要分布于大连、鞍山、抚顺、本溪、丹东、锦州、营口、铁岭、朝阳。国内主要分布于辽宁、黑龙江、吉林、山东、河北、内蒙古等地。国外主要分布于俄罗斯、朝鲜、韩国。

董丙君/摄

董丙君/摄

黑眉蝮 *Gloydius intermedius*

英文名 Central Asian Pitviper

识别要点 原名岩栖蝮。体长雄性 518~748 mm，雌性 528~635 mm。背面黄褐色或沙黄色，有 29~44 个横纹，有些地方可看出它们是由左右两圆斑并合形成；眼后黑褐色眉纹宽，上下缘都不镶白边。鼻间鳞两外侧尖细；中段背鳞 23 行；腹鳞+尾下鳞 192~212 枚，有颊窝，有管牙。

生活习性 栖息于山麓的阳坡，也见于森林边缘、溪流沿岸及倒地的树干和枯枝间。通常以鼠类为食。

分布范围 省内主要分布于大连、抚顺、本溪、丹东、锦州、铁岭。国内主要分布于辽宁、黑龙江、吉林、山东、河北、内蒙古等地。国外主要分布于俄罗斯、朝鲜、韩国。

中文名索引

A

艾鼬 ………………………………… 6
暗绿绣眼鸟 ………………………… 151

B

八哥 ………………………………… 159
白背啄木鸟 ………………………… 86
白翅交嘴雀 ………………………… 219
白顶鹏 ……………………………… 179
白顶溪鸲 …………………………… 176
白额鹱 ……………………………… 63
白腹鸫 ……………………………… 167
白腹蓝鹟 …………………………… 188
白骨顶 ……………………………… 55
白喉矶鸫 …………………………… 181
白喉针尾雨燕 ……………………… 41
白鹡鸰 ……………………………… 198
白颈鸦 ……………………………… 106
白鹭 ………………………………… 74
白眉地鸫 …………………………… 163
白眉鸫 ……………………………… 166
白眉姬鹟 …………………………… 185
白眉鸦 ……………………………… 225
白眉鸭 ……………………………… 24
白头鹎 ……………………………… 134
白头鹞 ……………………………… 222
白胸苦恶鸟 ………………………… 52
白腰雨燕 …………………………… 43
白腰朱顶雀 ………………………… 218
斑背大尾莺 ………………………… 129
斑背潜鸭 …………………………… 27
斑翅山鹑 …………………………… 11
斑鸫 ………………………………… 170
斑脸海番鸭 ………………………… 29

斑胸短翅蝗莺 ……………………… 123
斑嘴鸭 ……………………………… 20
暴风鹱 ……………………………… 62
北红尾鸲 …………………………… 174
北蝗莺 ……………………………… 126
北灰鹟 ……………………………… 184
北棕鸟 ……………………………… 161
北鹨 ………………………………… 203
北棕腹鹰鹃 ………………………… 44
布氏鹨 ……………………………… 200

C

苍鹭 ………………………………… 71
苍眉蝗莺 …………………………… 128
苍头燕雀 …………………………… 207
草地鹨 ……………………………… 201
草鹭 ………………………………… 72
长尾雀 ……………………………… 216
长尾鸭 ……………………………… 30
池鹭 ………………………………… 69
赤翡翠 ……………………………… 77
赤颈鸫 ……………………………… 168
赤颈鸭 ……………………………… 18
赤膀鸭 ……………………………… 16
丑鸭 ………………………………… 28

D

达乌尔猬 …………………………… 2
达乌里寒鸦 ………………………… 105
大白鹭 ……………………………… 73
大斑啄木鸟 ………………………… 87
大杜鹃 ……………………………… 48
大山雀 ……………………………… 113
戴菊 ………………………………… 189

中文名	页码		中文名	页码
戴胜	75		红翅旋壁雀	156
淡脚柳莺	143		红腹灰雀	213
东北刺猬	1		红喉姬鹟	187
东方大苇莺	119		红喉鹨	204
东方中杜鹃	47		红喉潜鸟	57
董鸡	53		红颈苇鹀	234
豆雁	12		红脸鸬鹚	64
渡鸦	107		红头潜鸭	25
短翅树莺	146		红尾斑鸫	169
短趾百灵	115		红尾伯劳	97
			红尾歌鸲	171
F			红尾水鸲	175
发冠卷尾	92		红胁蓝尾鸲	173
粉红腹岭雀	214		红胸秋沙鸭	32
凤头百灵	116		红胸田鸡	51
凤头䴙䴘	34		红嘴蓝鹊	102
凤头潜鸭	26		红嘴山鸦	104
			厚嘴苇莺	122
G			虎斑地鸫	164
狗獾	4		虎纹伯劳	95
冠鱼狗	80		黄腹鹨	205
			黄腹山雀	109
H			黄喉鹀	230
褐河乌	158		黄鹡鸰	195
褐柳莺	136		黄脚三趾鹑	56
褐头山雀	112		黄眉柳莺	140
黑叉尾海燕	61		黄眉鹀	228
黑喉潜鸟	58		黄雀	220
黑喉石䳭	177		黄头鹡鸰	196
黑卷尾	91		黄腰柳莺	139
黑眉蝮	239		黄鼬	7
黑眉苇莺	120		黄嘴潜鸟	60
黑水鸡	54		灰斑鸠	37
黑头蜡嘴雀	211		灰背鸫	165
黑头鸭	155		灰伯劳	98
黑尾蜡嘴雀	210		灰鹡鸰	197
黑雁	14		灰椋鸟	160
黑枕黄鹂	89		灰眉岩鹀	223

灰山椒鸟	90	冕柳莺	144
灰头绿啄木鸟	88		
灰头鸫	232	**N**	
灰纹鹟	182	宁波滑蜥	236
灰喜鹊	101	牛背鹭	70
灰雁	13	牛头伯劳	96
火斑鸠	38		
		O	
J		欧亚旋木雀	153
极北柳莺	141		
鸫鹛	157	**P**	
角百灵	117	狍	9
金翅雀	217	琵嘴鸭	23
金眶鹟莺	145	普通翠鸟	79
巨嘴柳莺	138	普通鸬鹚	65
		普通鸭	154
L		普通秧鸡	49
蓝翡翠	78	普通夜鹰	40
蓝歌鸲	172	普通雨燕	42
蓝矶鸫	180	普通朱雀	215
栗耳短脚鹎	135		
栗耳鹀	226	**Q**	
栗鹀	231	翘鼻麻鸭	15
鳞头树莺	147	鸲姬鹟	186
伶鼬	8	鹊鸭	31
领岩鹨	192		
芦鹀	235	**S**	
罗纹鸭	17	三宝鸟	76
绿背鸬鹚	66	三道眉草鹀	224
绿翅鸭	22	沙鹀	178
绿鹭	68	山斑鸠	36
绿头鸭	19	山鹡鸰	194
		山鹛	149
M		山噪鹛	152
毛脚燕	132	石鸡	10
毛腿沙鸡	39	寿带	93
矛斑蝗莺	125	树鹨	202
煤山雀	108	双斑绿柳莺	142

水鹨	206
四声杜鹃	46
松雀	212
松鸦	100

T
太平鸟	190
太平洋潜鸟	59
田鹨	199
田鸦	229
铁爪鹀	221

W
苇鹀	233
文须雀	118
乌苏里蝮	238
乌鹟	183

X
锡嘴雀	209
香鼬	5
小斑啄木鸟	85
小杜鹃	45
小蝗莺	127
小䴉鹠	33
小太平鸟	191
小田鸡	50
小鹀	227
小星头啄木鸟	83
楔尾伯劳	99
星头啄木鸟	84
星鸦	103

Y
崖沙燕	130
烟腹毛脚燕	133
岩鸽	35
岩燕	131
燕雀	208
夜鹭	67
蚁䴕	81
银喉长尾山雀	148
远东苇莺	121

Z
杂色山雀	110
沼泽山雀	111
针尾鸭	21
中华短翅蝗莺	124
中华攀雀	114
猪獾	3
紫翅椋鸟	162
紫寿带	94
棕腹啄木鸟	82
棕黑锦蛇	237
棕眉柳莺	137
棕眉山岩鹨	193
棕头鸦雀	150

学名索引

A

Acanthis flammea	218
Acridotheres cristatellus	159
Acrocephalus bistrigiceps	120
Acrocephalus orientalis	119
Acrocephalus tangorum	121
Aegithalos glaucogularis	148
Agropsar sturninus	161
Alaudala cheleensis	115
Alcedo atthis	79
Alectoris chukar	10
Amaurornis phoenicurus	52
Anas acuta	21
Anas crecca	22
Anas platyrhynchos	19
Anas zonorhyncha	20
Anser anser	13
Anser fabalis	12
Anthus cervinus	204
Anthus godlewskii	200
Anthus gustavi	203
Anthus hodgsoni	202
Anthus pratensis	201
Anthus richardi	199
Anthus rubescens	205
Anthus spinoletta	206
Apus apus	42
Apus pacificus	43
Arctonyx collaris	3
Ardea alba	73
Ardea cinerea	71
Ardea purpurea	72
Ardeola bacchus	69
Arundinax aedon	122
Aythya ferina	25
Aythya fuligula	26
Aythya marila	27

B

Bombycilla garrulus	190
Bombycilla japonica	191
Branta bernicla	14
Bubulcus ibis	70
Bucephala clangula	31
Butorides striata	68

C

Calcarius lapponicus	221
Calonectris leucomelas	63
Capreolus pygargus	9
Caprimulgus indicus	40
Carpodacus erythrinus	215
Carpodacus sibiricus	216
Certhia familiaris	153
Chaimarrornis leucocephalus	176
Chloris sinica	217
Cinclus pallasii	158
Clangula hyemalis	30
Coccothraustes coccothraustes	209
Columba rupestris	35
Corvus corax	107
Corvus dauuricus	105
Corvus pectoralis	106
Cuculus canorus	48
Cuculus micropterus	46
Cuculus optatus	47
Cuculus poliocephalus	45
Cyanopica cyanus	101

Cyanoptila cyanomelana ·················· 188

D

Delichon dasypus ························ 133
Delichon urbicum ······················· 132
Dendrocopos hyperythrus ················ 82
Dendrocopos leucotos ··················· 86
Dendrocopos major ····················· 87
Dendrocpos canicapillus ················ 84
Dendrocpos kizuki ······················ 83
Dendrocpos minor ······················ 85
Dendronanthus indicus ················· 194
Dicrurus hottentottus ··················· 92
Dicrurus macrocercus ··················· 91

E

Egretta garzetta ························ 74
Elaphe schrenckii ······················ 237
Emberiza chrysophrys ·················· 228
Emberiza cioides ······················· 224
Emberiza elegans ······················ 230
Emberiza fucata ······················· 226
Emberiza godlewskii ··················· 223
Emberiza leucocephalos ················ 222
Emberiza pallasi ······················· 233
Emberiza pusilla ······················· 227
Emberiza rustica ······················· 229
Emberiza rutila ························ 231
Emberiza schoeniclus ··················· 235
Emberiza spodocephala ················· 232
Emberiza tristrami ····················· 225
Emberiza yessoensis ···················· 234
Eophona migratoria ···················· 210
Eophona personata ···················· 211
Eremophila alpestris ··················· 117
Erinaceus amurensis ····················· 1
Eurystomus orientalis ··················· 76

F

Ficedula albicilla ······················ 187
Ficedula mugimaki ····················· 186
Ficedula zanthopygia ··················· 185
Fringilla coelebs ······················· 207
Fringilla montifringilla ················· 208
Fulica atra ····························· 55
Fulmarus glacialis ······················ 62

G

Galerida cristata ······················ 116
Gallicrex cinerea ······················· 53
Gallinula chloropus ····················· 54
Garrulax davidi ······················· 152
Garrulus glandarius ··················· 100
Gavia adamsii ·························· 60
Gavia arctica ··························· 58
Gavia pacifica ·························· 59
Gavia stellata ·························· 57
Geokichla sibirica ····················· 163
Gloydius intermedius ·················· 239
Gloydius ussuriensis ··················· 238

H

Halcyon coromanda ····················· 77
Halcyon pileata ························· 78
Hierococcyx hyperythrus ················· 44
Hirundapus caudacutus ·················· 41
Histrionicus histrionicus ················· 28
Horornis diphone ······················ 146
Hydrobates monorhis ···················· 61
Hypsipetes amaurotis ·················· 135

J

Jynx torquilla ··························· 81

L

Lanius bucephalus ······················· 96

Lanius cristatus	97
Lanius excubitor	98
Lanius sphenocercus	99
Lanius tigrinus	95
Larvivora cyane	172
Larvivora sibilans	171
Leucosticte arctoa	214
Locustella certhiola	127
Locustella fasciolatus	128
Locustella lanceolata	125
Locustella ochotensis	126
Locustella pryeri	129
Locustella tacsanowskia	124
Locustella thoracica	123
Loxia leucoptera	219

M

Mareca falcata	17
Mareca penelope	18
Mareca strepera	16
Megaceryle lugubris	80
Melanitta fusca	29
Meles meles	4
Mergus serrator	32
Mesechinus dauuricus	2
Monticola gularis	181
Monticola solitarius	180
Motacilla alba	198
Motacilla cinerea	197
Motacilla citreola	196
Motacilla tschutschensis	195
Muscicapa dauurica	184
Muscicapa griseisticta	182
Muscicapa sibirica	183
Mustela altaica	5
Mustela eversmanni	6
Mustela nivalis	8
Mustela sibirica	7

N

Nucifraga caryocatactes	103
Nycticorax nycticorax	67

O

Oenanthe isabellina	178
Oenanthe pleschanka	179
Oriolus chinensis	89

P

Panurus biarmicus	118
Pardaliparus venustulus	109
Parus cinereus	113
Perdix dauurica	11
Pericrocotus divaricatus	90
Periparus ater	108
Phalacrocorax capillatus	66
Phalacrocorax carbo	65
Phalacrocorax urile	64
Phoenicurus auroreus	174
Phylloscopus armandii	137
Phylloscopus borealis	141
Phylloscopus coronatus	144
Phylloscopus fuscatus	136
Phylloscopus inornatus	140
Phylloscopus plumbeitarsus	142
Phylloscopus proregulus	139
Phylloscopus schwarzi	138
Phylloscopus tenellipes	143
Picus canus	88
Pinicola enucleator	212
Podiceps cristatus	34
Poecile montanus	112
Poecile palustris	111
Prunella collaris	192
Prunella montanella	193
Ptyonoprogne rupestris	131
Pycnonotus sinensis	134

Pyrrhocorax pyrrhocorax ········· 104
Pyrrhula pyrrhula ············· 213

R

Rallus indicus ················ 49
Regulus regulus ··············· 189
Remiz consobrinus ············· 114
Rhopophilus pekinensis ········· 149
Rhyacornis fuliginosa ·········· 175
Riparia riparia ················ 130

S

Saxicola maurus ··············· 177
Scincella modesta ·············· 236
Seicercus burkii ··············· 145
Sinosuthora webbiana ··········· 150
Sitta europaea ················· 154
Sitta villosa ·················· 155
Sittiparus varius ·············· 110
Spatula clypeata ··············· 23
Spatula querquedula ············ 24
Spinus spinus ·················· 220
Spodiopsar cineraceus ·········· 160
Streptopelia decaocto ·········· 37
Streptopelia orientalis ········ 36
Streptopelia tranquebarica ····· 38
Sturnus vulgaris ··············· 162
Syrrhaptes paradoxus ··········· 39

T

Tachybaptus ruficollis ········· 33
Tadorna tadorna ··············· 15
Tarsiger cyanurus ············· 173
Terpsiphone atrocaudata ········ 94
Terpsiphone incei ·············· 93
Tichodroma muraria ············· 156
Troglodytes troglodytes ········ 157
Turdus eunomus ················ 170
Turdus hortulorum ·············· 165
Turdus naumanni ················ 169
Turdus obscurus ················ 166
Turdus pallidus ················ 167
Turdus ruficollis ·············· 168
Turnix tanki ··················· 56

U

Upupa epops ···················· 75
Urocissa erythroryncha ········· 102
Urosphena squameiceps ·········· 147

Z

Zapornia fusca ················· 51
Zapornia pusilla ··············· 50
Zoothera aurea ················· 164
Zosterops japonicas ············ 151